移动互联网开发技术丛书

Unity

可视化手机游戏设计

微课视频版

徐志平 编著

U0215147

清华大学出版社

北京

内 容 简 介

本书将理论与实战相结合，基于 Unity 2018.2 和 Bolt 平台编写，全面、系统地介绍了基于 Unity 的 Bolt 插件的可视化手机游戏设计的各种技术及应用。本书介绍了 Bolt 的安装与配置、Bolt 的基本概念、Bolt 的图和宏、单元和端口、状态图和超级状态、和 Unity 的脚本协作、Bolt 的高级议题、Bolt 基本单元等内容。然后利用 Bolt 建立简单的二维平台游戏、第一人称控制器、第三人称控制器；利用 Bolt 的状态机构造简单的非玩家人物。最后通过两个实例向读者展示将桌面游戏移植到手机端的方法和过程，起到学以致用的效果。

本书主要面向广大从事游戏设计的人员、游戏软件爱好者，从事游戏设计教育的专职教师以及计算机专业的学生等。

图书在版编目(CIP)数据

Unity 可视化手机游戏设计：微课视频版/徐志平编著. —北京：清华大学出版社，2020.4(2024.8重印)
(移动互联网开发技术丛书)
ISBN 978-7-302-54947-5

Ⅰ.①U… Ⅱ.①徐… Ⅲ.①游戏程序—程序设计 Ⅳ.①TP317.6

中国版本图书馆 CIP 数据核字(2020)第 025508 号

责任编辑：陈景辉 张爱华
封面设计：刘 键
责任校对：焦丽丽
责任印制：刘海龙

出版发行：清华大学出版社
　　　网　　　址：https://www.tup.com.cn，https://www.wqxuetang.com
　　　地　　　址：北京清华大学学研大厦 A 座　　　　邮　　　编：100084
　　　社 总 机：010-83470000　　　　　　　　　　邮　　　购：010-62786544
　　　投稿与读者服务：010-62776969，c-service@tup.tsinghua.edu.cn
　　　质量反馈：010-62772015，zhiliang@tup.tsinghua.edu.cn
　　　课件下载：https://www.tup.com.cn，010-83470236
印 刷 者：三河市铭诚印务有限公司
经　　　销：全国新华书店
开　　　本：185mm×260mm　　印　　　张：16.75　　　　字　　　数：403 千字
版　　　次：2020 年 6 月第 1 版　　　　　　　　　　印　　　次：2024 年 8 月第 4 次印刷
印　　　数：3001~3500
定　　　价：69.90 元

产品编号：083003-01

前言

<<<<<<<<<<<<

FOREWORD

Unity(也称为 Unity 3D)是近年来非常流行的一款 3D 游戏开发引擎,其特点是跨平台能力强,能够支持 PC、Mac、Linux、网页、iOS、Android 等平台,具有移植便捷、3D 图形性能出众等优点,同时也支持 2D 功能,因此受到众多游戏开发者的喜爱。在手机平台,Unity几乎成为 3D、2D 游戏开发的标准工具。

Bolt 是一款专门为 Unity 设计的功能强大的可视化编程插件,能直接访问 Unity 中的方法、字段、属性、事件、脚本以及第三方插件。无论是不懂编程的设计师、艺术家,还是程序员,都可以轻松地使用 Bolt 创建游戏逻辑机制和交互系统。

本书以实战案例为基础,主要介绍利用可视化脚本编程插件 Bolt 来完成手机游戏的开发,使读者在较短的时间内能快速地掌握基于 Bolt 的各种技术和开发技巧,并在实践中应用。

全书共分为 14 章,涵盖 Bolt 的安装与配置、Bolt 的基本概念、Bolt 的图、单元和端口、状态图和超级状态、和 Unity 的脚本协作、Bolt 的高级议题、Bolt 基本单元介绍、设计一个二维平台游戏、建立一个简单的第一人称控制器、建立一个简单的第三人称控制器、构造简单的非玩家人物、Roll a Ball 游戏、太空大战。

本书特点

(1) **内容由浅入深,循序渐进。**

本书结构合理,内容由浅入深,循序渐进。不仅适合初学者阅读,也非常适合具有一定游戏编程基础的程序员学习。

(2) **重点突出,目的明确。**

本书立足于基本概念,面向应用技术,以必须、够用为尺度,以掌握概念、强化应用为重点,注重基础知识和实际应用的统一。

(3) **图文并茂,实例丰富。**

本书具有大量的操作截屏图,具有很强的针对性。本书以 Bolt 可视化编程环境为基础,通过典型的实例分析,使读者能够较快地掌握手机游戏设计的基本知识、方法、实用技术及一些典型应用。

本书适用于游戏设计人员、游戏软件爱好者、游戏设计的专职教师以及计算机专业的学生等。

配套资源

为便于教学,本书配有 620 分钟微课视频、程序源码、电子课件、教学大纲、电子教案、案例素材、软件安装包。

（1）获取620分钟微课视频方式：读者可以先扫描本书封底的文泉云盘防盗码，再扫描书中相应的视频二维码，观看教学视频。

（2）获取程序源码、案例素材方式：先扫描本书封底的文泉云盘防盗码，再扫描下方二维码，即可下载。

程序源码　　　　　　　案例素材

（3）获取软件安装包方式：详见第1章。

（4）获取其他配套资源方式：可以扫描本书封底的课件二维码下载。

由于时间仓促，加之作者水平有限，书中难免存在疏漏之处，真诚地希望能得到各位专家和广大读者的批评指正。

徐志平

2020年5月

目 录

<<<<<<<<<<
CONTENTS

第1章

Bolt的安装与配置

Unity 程序设计主要以 C♯ 作为编程语言,但是对于非计算机专业人士而言,学习一门语言并将其用于游戏开发并不容易。

Bolt 是一款专门为 Unity 而设计的功能强大的可视化编程插件,只要会画流程图,就能编写游戏。Bolt 包含的流图和状态图能帮助用户轻松地实现创意。在播放模式中,可通过实时编辑功能修改图形的任何部分,快速建立原型并进行测试。同时,它还具有预测调试和分析定位问题的功能,通过分析图预测数值并显示图中未使用路径。如果发生错误,则会在图中高亮错误源。Bolt 可以将复杂程序中的名称自动转换为便于阅读的格式,这对于用户来说更容易理解。Bolt 是程序员实现创意的一大利器,受到用户的热烈欢迎。Bolt 最新版本要求 Unity 为 2017.1 或更高版本,并且支持.NET 4.6。

1.1 获取并安装 Bolt

可以通过如下方法获取 Bolt 插件:在 Unity 编辑器的菜单栏中选择 Window→General→Asset Store 命令,打开 Unity 的资产商店,在搜索界面中输入关键字 Bolt,如图 1-1 所示。

Bolt 安装视频讲解

找到对应的 Bolt 插件页面并显示相关信息,可以下载并导入 Bolt 到当前的 Unity 项目中,如图 1-2 所示。

识别右方二维码下载 Unity 软件,将其导入自己的项目中,这时系统会弹出 Import Unity Package 对话框,单击 Import 按钮,导入 Bolt 插件,如图 1-3 所示。

Unity 安装包

导入完成后,Bolt 自带的安装向导将自动打开。如果没有出现安装向导,可以在 Unity 编辑器的菜单栏中选择 Tools→Bolt→Setup Wizard 命令,系统将会弹出 Bolt Setup Wizard 对话框,如图 1-4 所示。

Unity 安装视频讲解

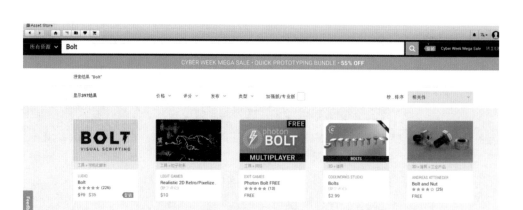

图 1-1　搜索 Bolt 的界面

图 1-2　Bolt 插件页面

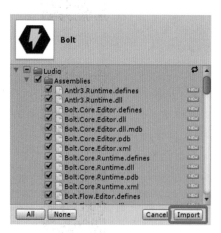

图 1-3　Import Unity Package 对话框

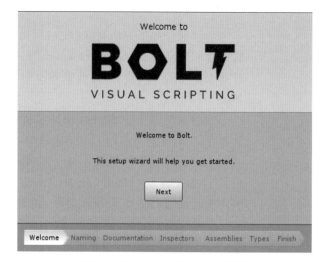

图 1-4　Bolt Setup Wizard 对话框

Bolt 支持两种函数和变量的命名方案：一种是和英语表达一致的命名方式；另一种是符合程序员习惯的命名方式。单击 Next 按钮后，系统会显示 Naming Scheme 对话框，如图 1-5 所示。参照屏幕上的说明，依据个人喜好来配置 Bolt 的命名方案。如果用户不是有丰富经验的程序员，强烈建议选择人类命名（Human Naming）方式。如果想用 Bolt 来学习 C♯语言，则建议选择程序员命名（Programmer Naming）方式。

在文档配置和生成步骤中，可以在 Generate Documentation 对话框内单击 Generate Documentation 按钮，从而让 Bolt 完成文档的生成工作，如图 1-6 所示。

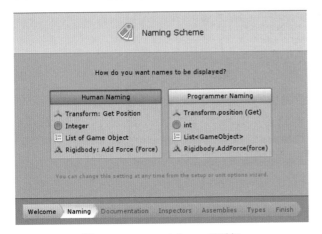

图 1-5　Naming Scheme 对话框

图 1-6　Generate Documentation 对话框

Bolt 将尝试使用 XML 文档来编译文档。如果文档生成失败，不要惊慌。该步骤对于 Bolt 的运行完全是可选的，可以在安装向导中跳过这一步。如果想要了解关于失败的更多详细信息，只需单击 Show Log 按钮。通常，失败往往是由于用户的系统缺少 MSBuild 组件所导致的。

Bolt 的初始化向导接着会显示 Generate Custom Inspectors 对话框，在 Bolt 初始化的时候，单击 Generate Inspectors 按钮生成自定义的检查器，如图 1-7 所示。

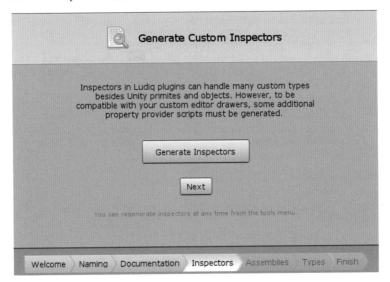

图 1-7　Generate Custom Inspectors 对话框

单击 Next 按钮后,系统会弹出 Assembly Options 对话框,如图 1-8 所示。在此对话框中,如果想在 Bolt 中使用第三方插件,并且这些插件是作为动态链接库形式分发的,那么就需要在 Assembly Options 对话框中添加。

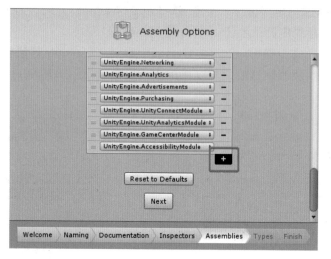

图 1-8　Assembly Options 对话框

系统会显示 Type Options 对话框,如图 1-9 所示。在该对话框中,可以添加任何想在 Bolt 中使用的自定义类型(类或结构)。如果添加的类型继承自 Unity 的对象类(例如 Mono 行为、可编写脚本的对象等),那么它将自动包含被继承的类。

图 1-9　Type Options 对话框

单击 Generate 按钮,系统会显示 Building unit database 的进度对话框,让 Bolt 生成单元数据库,如图 1-10 所示。

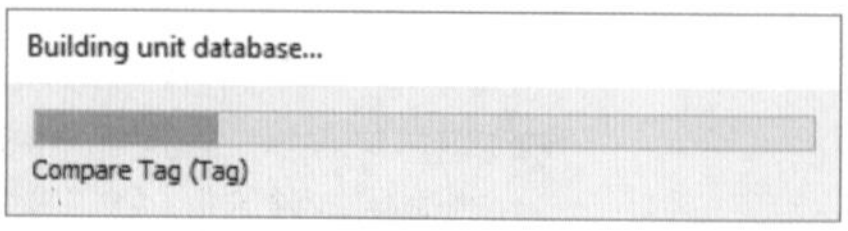

可以通过在 Unity 编辑器的菜单栏中选择 Tools→Bolt→Unit Options Wizard 命令来添加更多的程序集和类型。完成后,系统会显示 Bolt 插

图 1-10　Building unit database 进度对话框

件的 Setup Complete 对话框,单击 Close 按钮,就完成了 Bolt 插件的导入操作,如图 1-11 所示。

图 1-11　Setup Complete 对话框

1.2　配置 Bolt

Bolt 有许多配置选项,主要分为以下两大类。

(1) Ludiq:用于 Ludiq 框架的一般设置,包括图形设置。

(2) Bolt:用于与流图和状态图相关的设置。

在 Unity 编辑器的菜单栏中选择 Edit→Preferences 命令打开 Unity 编辑器首选项窗口,选择 Ludiq 页面并找到对 Bolt 配置的设置,然后在右侧栏顶部中选择任何一个对应的面板,如图 1-12 所示。

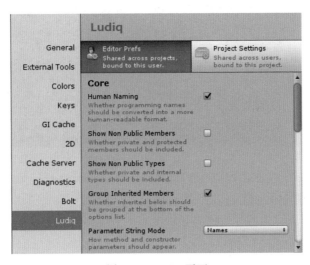

图 1-12　Ludiq 页面

　　每个面板含有两个子面板：编辑器偏好和项目设置。编辑器偏好通常是编辑器接口选项。它们被保存在每台计算机上，不会与团队共享。所有与 Bolt 一起的项目都共享同一个编辑器偏好。相反，项目设置会与团队共享版本控制。但是，它们属于每个项目，如果在其他项目中使用 Bolt，则不会共享。

　　每个选项都有一个提示，说明它的作用，所以可以根据自己的喜好来探索和配置 Bolt。如果不确定某个选项的功能，则可以保留它的默认值。

　　注意：有些选项需要重新启动。如果发现配置更改没有应用，可尝试重新启动 Unity 编辑器。

1.2.1　视图

　　Bolt 有 3 个主视图，可以在 Unity 编辑器的菜单栏中选择 Window 命令找到它们。

　　(1) Graph：主图编辑器。

　　(2) Graph Inspector：节点和其他图元素的检查器。

　　(3) Variables：定义和编辑变量的视图。

　　决定放置视图的布局取决于用户自己的喜好。本书给出了 Bolt 建议视图布局，建议为图视图和场景视图分配同样大小的空间，还建议将图检查器添加为 Unity 检查器旁边的另一个选项卡，如图 1-13 所示。

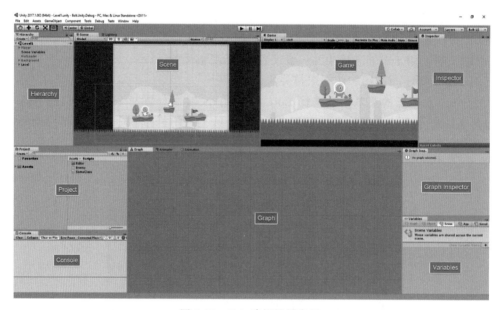

图 1-13　Bolt 建议视图布局

　　在 Bolt 最大化时视图布局中，可以最大化图窗口到整个屏幕，如图 1-14 所示。这将为图检查器和变量选项卡启用侧栏。最大化使复杂图的可视化变得更加容易。有如下 3 种最大化视图的方法：

　　(1) 当鼠标在图视图上方时，按 Shift＋Space 键。

　　(2) 双击图视图背景。

（3）单击工具栏中的 Maximize 按钮。

侧边栏布局按钮（Sidebar Layout Button）允许重新排序和移动每个面板周围的最大化的视图。

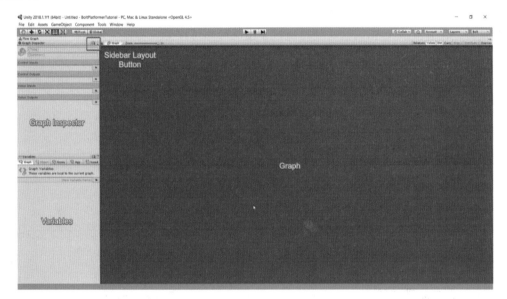

图 1-14　Bolt 最大化时视图布局

提示：如果有双显示器，可以把 Bolt 放在它的第二个显示器上。这为图的编辑提供了很大的空间，并保持了统一布局的完整性。窗口将自动检测到它有足够的空间来显示侧栏。

1.2.2　图视图

Bolt 中的图视图是专门用来编辑流图和状态图的。在打开相应的图之后，在 Bolt 图视图上的工具栏布局中的右上区域出现含有文字的工具栏，如图 1-15 所示。

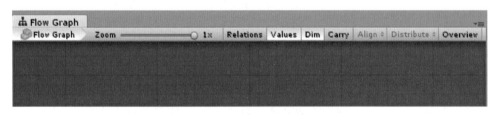

图 1-15　Bolt 图视图上的工具栏布局

在 Bolt 图视图上的工具栏布局的左上角部分，可以看到当前选中图的面包屑路径。该工具栏的中间部分的 Zoom 滑块允许缩放和获得鸟瞰图。当开启 Relations 选项时，将显示单元的内部连接。当开启 Values 选项时，Bolt 将尝试预测值并在图连接中显示它们（仅在流图中）。当开启 Carry 选项时，当前选择的子节点将被拖动。如果想在不手动选择每个节点的情况下重新组织图的很大一部分，这是非常有用的。Overview 按钮将对图进行平移和缩放，以显示窗口区域内的所有元素。一旦在图中至少选择了两个元素，系统就会弹出 Bolt

单元的 Distribute Operation 对话框，该对话框允许执行常见的自动布局操作，如图 1-16 所示。

在图视图中，有两个控制方案（Control Scheme）决定如何平移和缩放。可以在 Unity 菜单栏中选择 Tools→Ludiq→Editor Prefs→Graphs 命令配置控制方案。默认情况下，Control Scheme 的控制方案被设置为 Unreal，如图 1-17 所示。如果用户有触控板的话，则可以试着把设置改成 Unity，这将使得通过手指的操作可以更容易地浏览图。

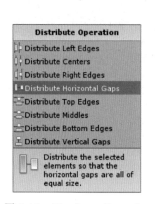

图 1-16　Distribute Operation
　　　　对话框

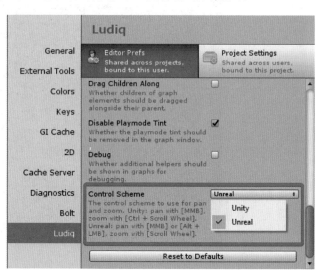

图 1-17　Control Scheme 选择

两个控制方案对应着不同的快捷键配置，如表 1-1 所示。图检查器显示关于当前选中的图元素的信息和设置。

表 1-1　各种快捷键配置

行　　为	Unity 控制方案	Unreal 控制方案
平移	鼠标中键	Alt＋鼠标左键
缩放	Ctrl/⌘＋鼠标滚轮	鼠标滚轮
选择	拖动	
全选	Ctrl/⌘＋A	
快捷菜单	右击 Ctrl＋单击（Mac 平台） Ctrl/⌘＋E	
创建组	Ctrl/⌘＋拖动	
复制	Ctrl/⌘＋C	
粘贴	Ctrl/⌘＋V	
剪切	Ctrl/⌘＋X	
克隆	Ctrl/⌘＋D	
删除	Del	
最大化	Shift＋空格键 双击	

1.3　更新和备份

Bolt 很好地支持了版本的更新和对旧版本用户代码的备份。Bolt 插件更新流程如下：

（1）备份用户的项目；

（2）下载并导入新版本；

（3）通过更新向导更新 Bolt。

当 Bolt 发布更新时，Bolt 的开发者会尽最大努力确保不会引入向后不兼容的更改，这些更改可能会损坏用户的图数据。然而，可能会发生意外的错误，所以应该在下载新版本之前备份项目。更新之前备份项目是用户的责任，Bolt 开发者为用户准备了备份操作。在 Unity 编辑器的菜单栏中选择 Tools→Ludiq→Backup Project 命令，系统会弹出 Backup 对话框，单击 Create Backup 按钮开启备份过程，如图 1-18 所示。

Assets 文件夹将被压缩和保存到与 Assets 文件夹同级的 Backups 文件夹中。可以在 Unity 编辑器的菜单栏中选择 Tools→Ludiq→Restore Backup 命令快速恢复备份文件。在更新之前备份用户的项目文件是绝对必要的，但这并不意味着不能在其他时候备份它。如果不使用版本控制，经常备份是一个很好的做法。本书建议使用版本控制系统（VCS），如 Unity 协作、Git 或 Subversion 等版本控制服务，而不是这个基本的备份实用程序。

一旦下载并导入了一个新版本的 Bolt，系统会自动打开 Bolt Update Wizard 对话框，如图 1-19 所示。如果没有出现此对话框，可以在 Unity 编辑器的菜单栏中选择 Tools→Bolt→Update Wizard 命令手动打开它。

图 1-18　Backup 对话框

图 1-19　Bolt Update Wizard 对话框

在本例中，Bolt 插件已更新为 0.0.8 版本，Bolt 的版本更新速度比较快，本书编写的时候，版本已经为 1.4.6f3。安装向导的第一步将要求创建备份。如果之前已经创建了备份，可以安全地跳过它。但是，建议在导入新版本之前进行备份，而不是在安装向导中。然后，更新向导将运行自动迁移，并通知是否需要进一步的操作。完整的变更日志可以在向导窗口的末尾找到。

第2章

Bolt的基本概念

2.1 类型

在 Unity 脚本中,一切都是对象(Object)。数字、文本、矢量和 Unity 组件等都是对象。每个对象都有一个类型(Type)用于区分它们代表什么以及它们能做什么。在 Bolt 中,大多数类型都用图标表示。在 Unity 和 Bolt 中有数百种数据类型,不需要熟记每一种类型,一般只需熟悉最常见的类型就能满足大部分游戏开发任务的需要。本书列出了 Bolt 中常见的类型,如表 2-1 所示。

表 2-1　Bolt 中常见的类型

图标	类型	描　　述
●	数值型	淡蓝色的小圆圈,用于表示带或不带小数点的整数或者浮点数,如 300、0.5 或 13.25
●	布尔型	淡紫色的小圆圈,用于表示布尔值(真或假),通常用于逻辑或切换
●	字符串型	橙色的小圆圈,用于表示字符串,通常是一段文字,如名字或信息
●	字符型	淡黄色的小圆圈,用于表示字符串中的单个字符,通常是字母或数字。很少使用
●	枚举型	粉色的小圆圈,用于表示枚举。在下拉列表中的选项就是常见的有限枚举类型。例如,在 Unity 中,"力模式"的枚举可以是"力""冲量""加速度"或者"速度变化"

续表

图标	类型	描　　　　述
	矢量型	矢量表示一组浮点坐标,例如位置或方向。 单位矢量有以下 3 个。 • 二维矢量:二维的 X 和 Y 坐标; • 三维矢量:有 X、Y、Z 坐标; • 四维矢量:有 X、Y、Z 和 W 坐标,很少用到
	游戏对象	Unity 场景中的基本实体。每个游戏对象都有一个名称、位置和旋转的变换信息以及作为可选项的组件列表
	列表	元素的有序集合。元素可以是任何类型,但大多数情况下,列表中的所有元素必须是相同类型的。可以根据列表中的每个元素的从零开始的索引来检索和进行赋值
	字典	一个集合,其中元素具有映射到其值的唯一键。例如,可以通过名称(字符串键)获得年龄(整数值),可以根据键检索和访问每个元素
	对象	绿色的小圆圈,它是一种特殊类型,一般指一个对象。例如,一个节点需要一个对象作为输入时,在输入端口就能看到这样的图标,通常意味着它不关心对象的类型

当需要选择一个类型时,系统将会显示 Bolt 支持的常用数据类型的选择菜单,如图 2-1 所示。

图 2-1　Bolt 支持的常用数据类型的选择菜单

最常见的类型在列表的顶部可见,枚举出现在列表的底部。所有其他类型都出现在其对应的命名空间(Namespace)分组中,这种分组就像类型的文件夹。所有 Unity 组件和类型都可以在 Unity Engine 命名空间下找到。

2.2　变量

变量是存放数据的容器。每个变量都有名称、类型和值。变量内部的值在运行时可以更改,这就是它们被称为变量的原因。Bolt 中变量的作用域有 6 种,如表 2-2 所示。

表 2-2　Bolt 中变量的作用域

图标	类型	描　　　述
	流级变量	与局部变量等价
	图级变量	流图实例的局部变量。它的作用域最小,不能在图外访问或修改
	对象级变量	属于游戏对象,可以被游戏对象上的所有图形共享
	场景级变量	可以在当前场景中共享
	应用程序级变量	即使场景发生变化,应用程序级变量也会持续存在。一旦应用程序退出,它将被重置
	存储级变量	即使在应用程序退出之后,保存的变量也会持续存在。它们可以作为一个简单但功能强大的保存系统使用。它们被保存在 Unity 的 player prefs 中,这意味着它们不能直接引用 Unity 对象,如游戏对象和组件

变量视图可以通过选择 Unity 编辑器菜单栏中的 Window→Variables 命令打开,如图 2-2 所示。Graph 选项卡仅在选择流图时启用,而 Object 选项卡仅在选择游戏对象时启用。

在变量视图中添加一个变量的步骤如下:

(1) 选择要添加的变量类型相对应的选项卡。

(2) 在 (New Variable Name) 中输入新变量的名称。

(3) 单击 + 按钮。

(4) 选择 Type (Null) 。

(5)(可选)更改其默认值。

在存储级(Saved)选项卡下有两个子选项卡:初始(Initial) 和保存(Saved),如图 2-3 所示。在初始选项卡中,定义的变量含有为新游戏创建的初始值。在保存选项卡中,可以看到当前计算机的已保存变量的状态。可以通过手动编辑或者删除来重置这些变量。

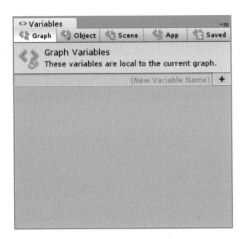

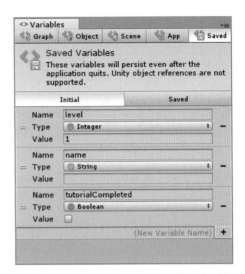

图 2-2　变量视图

图 2-3　存储级别选项卡下的两个子选项卡

一旦掌握了每种变量的工作方式,就可以通过删除变量视图中的头信息来节省一些屏幕空间。在 Unity 编辑器的菜单栏中选择 Tools→Bolt→Configuration 命令来取消显示变量帮助(Show Variables Help)。

甚至可以在编辑模式中不事先声明变量,通过图在游戏模式中动态创建变量。在图运行的时候,设置不存在的变量的值,会自动创建一个动态变量。例如,自动创建一个名为 gold 的存储级的整数变量,其值为 250(即使之前没有定义它),如图 2-4 所示。

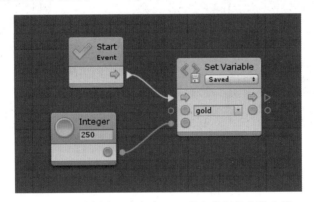

图 2-4　自动创建一个名为 gold 的存储级的整数变量

有关变量单元的更多信息,请参阅单元引用部分。

注意:Bolt 中的所有对象变量都是公共的,可以被其他对象访问。

## 第3章

Bolt的图

图是逻辑的视觉表示，是 Bolt 的核心。Bolt 有两种类型的图：流图和状态图。流图（Flow Graph）是按特定顺序连接多个功能单元和数值，如图 3-1 所示。执行的顺序就是所说的流程。如果以前使用过虚幻引擎，可能会发现它们类似于蓝图可视化脚本语言。

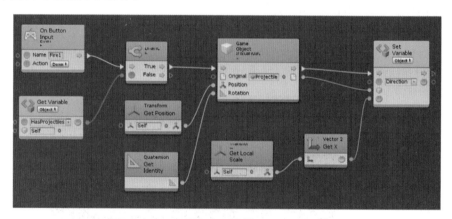

图 3-1　流图

状态图（State Graphs）中包含了不同的状态以及它们之间的转换机制，如图 3-2 所示。每个状态作为一个小的流图。如果以前使用过 PlayMaker 或其他有限状态机系统，那么应该对状态图不那么陌生。

总之，基本上可以通过组合运用这两种图创建任何想要的游戏。

3.1　图的使用

流图是被经常使用的，允许系统在每一帧或事件（如碰撞）发生时执行指定的操作。流图可以访问所有程序逻辑，如分支、循环、数学计算等。流图是面对"当某种情况发生时，应该以什么顺序做什么"之类问题的最好解决方案。

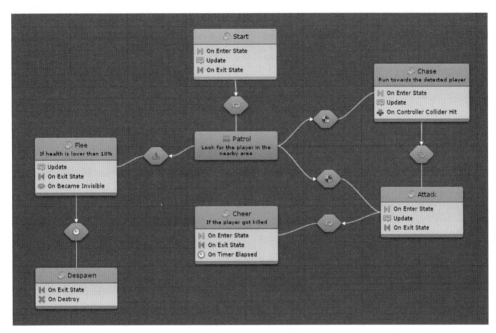

图 3-2　状态图

可以使用状态图创建更"高级"的逻辑,如 AI 行为或者任何需要状态概念的东西;又如有巡逻、追逐和攻击状态的敌人,或有锁定、解锁和打开状态的门。状态图是针对"对象目前的行为表现什么时候应该改变"之类问题的最好解决方案。

可以将这两种图组合起来。例如,状态图中的每个状态节点实际上是一个流图。以下是这两种图形都共享的一些基本概念。

3.2　机器

机器(Machine)是添加到游戏对象上的组件,用于在游戏模式中执行图逻辑。流图对应的机器称为流机器,状态图对应的机器叫作状态机,它们都属于可以添加的 Bolt 类型组件,如图 3-3 所示。

流机器和状态机这两个选项在检查器中都有相同的选项。以添加流机器组件作为示例,如图 3-4 所示。

图 3-3　可以添加的 Bolt 类型组件

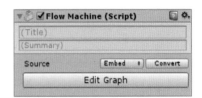

图 3-4　添加流机器组件作为示例

每个图都提供了标题和摘要选项,可以填写相关内容以帮助日后识别它们。它们对功能没有影响,但对资源的有序组织有帮助。单击 Edit Graph 按钮在图视图中打开机器的图。Bolt 有两种类型的源(Source):嵌入(Embed)或宏(Macro),如表 3-1 所示。

表 3-1　嵌入和宏的比较

	嵌　入	宏
关系	图嵌入到机器本身中	图是机器引用的宏观资产
可用性	不能为其他机器重用图,但它可以在预制件之间共享	可以在多个机器上重用相同的宏,即使它们不在同一个预制件上
性能	如果删除机器组件,则图将被删除。如果将源切换到宏,则图也会被删除	如果删除机器组件,宏资产仍然存在。如果将源切换到嵌入,图将不会被删除
场景参考	可以在图中引用当前场景中的游戏对象,只要它没有保存为预制件	该图不能引用当前场景中的游戏对象,因为它不"属于"任何场景
预制件	如果在编辑器中实例化预制件,则不应使用该机器	机器可以安全地用于所有的预制件

宏(Macro)是一个可重用的图,可以由多个不同的机器引用。如果将机器的源选项切换到 Macro,则必须告诉机器应该使用哪个宏。

可在编辑器的项目视图的文件夹中右击,弹出快捷菜单后,选择 Create→Bolt→Flow Macro 命令来创建宏,如图 3-5 所示。建议将宏放在顶级的 Macros 文件夹中,但是如何组织完全由用户决定,对功能没有影响。

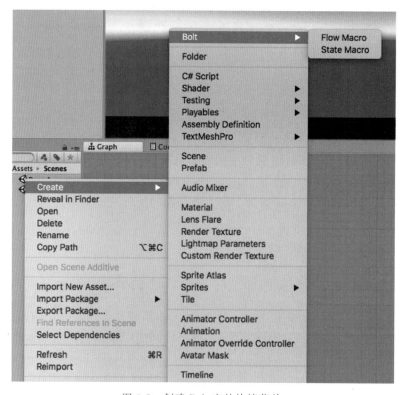

图 3-5　创建 Bolt 宏的快捷菜单

然后,可以简单地拖动新创建的图或使用 Unity 对象选择器将其分配给机器,如图 3-6 所示。

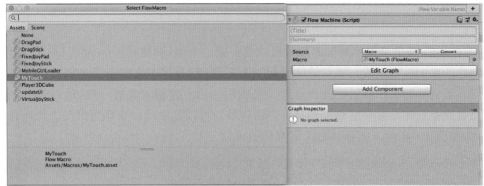

图 3-6　分配宏给机器

当在宏中更改图时,该更改将应用于所有具有该宏的对象。不需要为每个对象的实例都设置唯一的宏,或者复制、粘贴相应的更改。

3.3　源类型的选择

从表 3-1 中看到,宏通常优于嵌入,因为它是可重用的,不绑定到对象,并且可以安全地使用预制件。有一个非常简单的经验法则来决定使用哪种类型的源。大多数情况下,优先使用宏。如果图将在一个或多个对象或场景中重用,那么宏的加载速度更快,维护起来也更容易。对于只在当前场景中使用一次的图形,可以使用嵌入。这将允许使用场景引用,这对GUI 非常有用。可能发现选择宏还是嵌入图会有点令人困惑,别担心,Bolt 允许随时随地从一种源转换到另一种源。

3.3.1　从宏到嵌入

例如,如果正在使用一个共享状态宏用于 AI 行为,但是随后意识到这个敌人有特殊的行为,可将宏转换为嵌入图,以便独立于其他对象修改它。

要做到这一点,只需单击 Convert 按钮,系统会弹出一个对话框警告提示这个转换将永久覆盖当前的嵌入图,所以在继续之前,应该确保没有问题。

3.3.2　从嵌入到宏

例如,可能会开始在敌人的游戏对象上做一个嵌入图,但是希望同样的逻辑应用到对其友好的非玩家角色上。因此,需要将嵌入图转换为宏以实现重用。

因此,只需单击 Convert 按钮,为新的宏选择一个路径和文件名,Bolt 将把嵌入图形中的所有项复制到宏中(除了在宏中不支持的场景引用),然后机器将自动切换到宏模式并引用该新图。

系统将弹出一个对话框警告提示这个操作会永久地删除当前的嵌入图,所以在继续之前,应该确保没有问题。

3.4　组

　　组（Group）是组织图中单元的简单框。要创建一个组，在按住 Ctrl 键（Mac 下为⌘）时拖动选定图上的一个区域。可以给每组起一个标题（Title），即使缩小了也能看得清。可以通过双击组的标题来选择组中的所有项。当使用 Unity 控制方案时，可以通过按住 Alt 键并拖动组的标题部分移动组而不移动动它的内容。可以使用图检查器为组提供注释和自定义颜色，如图 3-7 所示。注释仅在图检查器中可见。

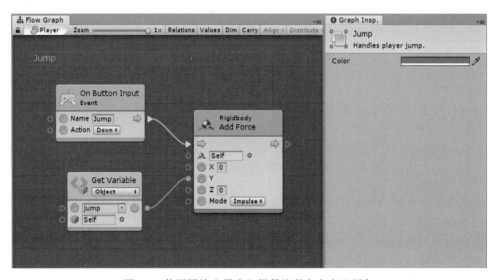

图 3-7　使用图检查器为组提供注释和自定义颜色

第4章
单元和端口

Bolt 流图中最基本的组件就是单元,单元用于执行特定的操作。一般而言,在创建了一个流机器以后,系统默认应该有一个带有 Start 和 Update 事件单元的流图,如图 4-1 所示。

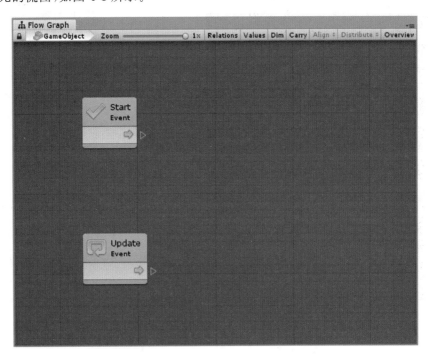

图 4-1　带有 Start 和 Update 事件单元的流图

4.1　单元

单元(Unit)是 Bolt 中最基本的计算节点,它们有时也被叫作节点或操作。它们在流图中表示为具有输入和输出端口的节点。单元可以做很多事情,例如监听事件、获取变量的值、调用组件和游戏对象的方法等。单元使用连接来指示它们应该按什么顺序被调用,并互相传递值。

4.1.1　创建单元

默认情况下,Bolt中有超过23 000个可用单元,包括了完整的Unity脚本API,以及自定义脚本或第三方插件的所有方法和类。Bolt中还有一些用于数学、逻辑、变量、循环、分支、事件和协同程序的附加实用程序单元。这些单元在一个简单的、可搜索的模糊查找器中组织得很好,要显示模糊查找器,只需右击空网格中的任何位置,然后可以浏览类别或在顶部字段中搜索以快速找到一个单元,如图4-2所示。

Bolt通过变暗新建的单元来警告新单元的值永远不会被使用,这是一项非常有用的预测性调试特性,可以单击Graph视图中工具栏上的Dim按钮来切换此特征的开启。在创建某个单元之前,模糊查找器会给出一个预览文档,如图4-3所示。例如,对于Add单元,可以从模糊查找器中直接知道它的功能和端口。

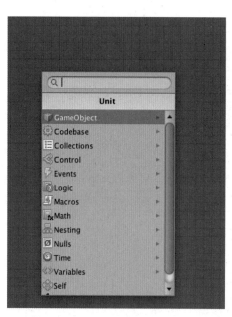

图 4-2　模糊查找器

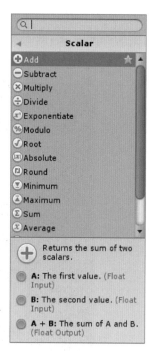

图 4-3　Add单元在模糊查找器中的
预览文档

4.1.2　重载

有些单元有多种变体,称为重载(Overloads)。例如,Bolt有4个用于相加(Add)的单元,一个用于标量,其他的用于二维矢量、三维矢量和四维矢量,如图4-4所示。在这种情况下,可以使用它们的应用类型来区分它们。

有些方法单元具有参数重载的形式。通常情况下，这些参数变量都是名称相同、参数类型不同，并且每个变量都会做大致相同的事情。一些重载所含有的参数数目和配置不同。例如，旋转转换（Rotate Transform）单元有 6 个重载，其中，两个把角视为一个欧拉角矢量，另外两个把它看成是 X、Y、Z 的 3 个独立的浮动分量，最后两个把它作为一个相对于轴的角。在每一对重载中，一个允许指定相对空间，而另一个则假设在世界空间中指定角度。旋转单元 6 个重载的屏幕截图如图 4-5 所示。

图 4-4　Add 单元的 4 个用于相加的单元

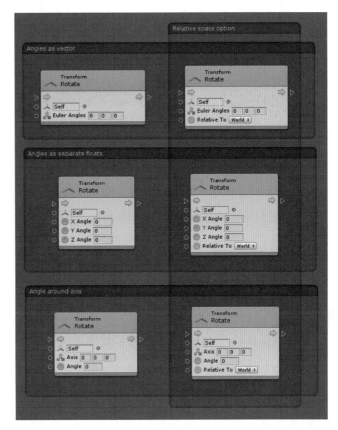

图 4-5　旋转单元的 6 个重载的屏幕截图

一开始可能需要经历多次试错才能找到正确的重载，但是很快就会习惯可用的选项。可以使用内置的文档或 Unity 手册来帮助区分每个变体。可能需要花点时间探索和浏览模糊查找器熟悉一下单元选项。

如图 4-6 所示，Rotate 转换单元可以在 Bolt 的模糊查找器中的 Codebase→Unity Engine→Transform→Rotate（X Angle、Y Angle、Z Angle 或 Relative To）处找到。

一个单元图标的顶部是它的功能概述，在图 4-6 的例子中，说明它是变换中的 Rotate 方法。被选中的单元的边缘有淡淡的蓝色，选中的单元的选项和文档将显示在图检查器中，该图检查器位于图 4-6 中窗口的右侧。

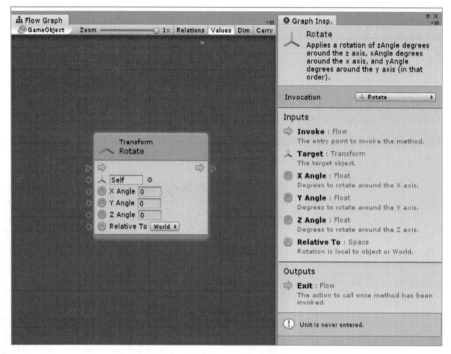

图 4-6　Rotate 旋转单元

4.2　端口

端口(Port)用于连接单元。输入端口(Input Port)在单元图标的左侧,输出端口(Output Port)在单元图标的右侧。控制端口(Control Port)用于连接控制流(Flow),流指的是执行单元的顺序,该顺序在图中是从左到右的。值端口(Value Port)用于连接值,每个值端口都有一个在连接单元时必须匹配的类型(Type)。

在单元检查器顶部的红色矩形框中,显示的是单元的标题和摘要,反映了单元的功能,如图 4-7 所示。下面的蓝色矩形框为单元的设置部分。每个单元的设置都不同,有些单元甚至不需要设置。如果需要,则可以更改正在调用的方法。绿色矩形框中是每个端口的文档,包含有名字(例如 X Angle)以及参数类型。最后,在底部的黄色矩形框中,Bolt 将显示单元的所有警告。Bolt 警告单元从来没有被输入过,因为从来没有连接过控制输入端口,如图 4-7 所示。如果这时启用了 Dim,则这个单元就会变暗。

一些值输入端口旁边有可以输入内容的字段。这些字段被称为内联值(Inline Value)。如果端口未连接,则将使用

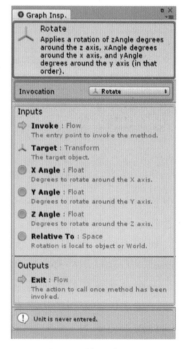

图 4-7　单元检查器

此字段的值。大多数常见类型支持内联值,但不是所有类型都支持内联值。内联值可以避免为每个值输入端口创建字面值节点,从而保持图形整洁。图 4-8 所示的两个图是完全相等的。

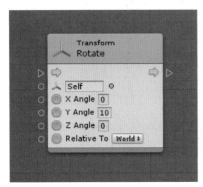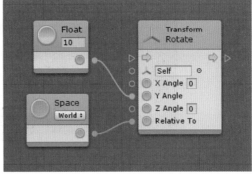

图 4-8　Bolt 图中的内联值

例如,一个包含有以下 3 个单元的简单图,如图 4-9 所示。
- Update(位于模糊查找器的 Events→Lifetime):在每一帧触发的事件单元。
- Per Second(位于模糊查找器的 Math→Scalar):一个数学单元,它以帧率标准化的方式返回输入值。
- Rotate(位于模糊查找器的 Codebase→Unity Engine→Transform):一个方法单元,该方法单元按指定的角度旋转给定的转换。对于本例,将使用(X Angle、Y Angle、Z Angle 或 Relative To)重载。

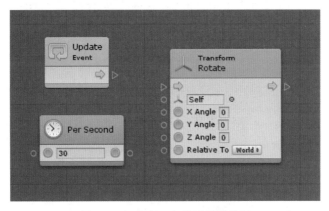

图 4-9　包含有 3 个单元的简单图

在 Bolt 中创建一个连接,可以有如下两种操作:
(1) 单击第一个端口,然后单击第二个端口。
(2) 单击第一个端口并保持,然后在第二个端口上释放。
例如,在每一帧中以 30°/s 的速度在自身的 Y 轴上进行旋转变换的图中有两个连接,如图 4-10 所示。
这两个连接更新事件和旋转调用之间的控制连接(Control Connection)。每秒节点的结果与旋转节点的 Y 角之间的值连接(Value Connection)。可以注意到,在启用 Dim 模式时,单元在连接有效时立即完全可见。若要删除连接,则右击任何连接端口即可。

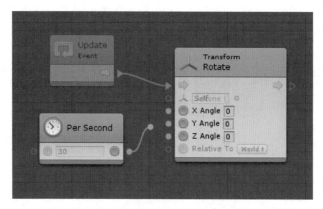

图 4-10　在每一帧中以 30°/s 的速度在自身的 Y 轴上进行旋转变换图

在创建连接时,会注意到兼容的端口被高亮显示,其他端口变暗。如果单元没有兼容的端口,则它也会变暗;如果单元没有突出显示目标端口,则无法创建连接。例如,无法将数学操作(数字)的结果连接到目标(转换组件),因为无法在数字和转换组件之间进行转换。

Bolt 通过自动选择一个单元上最好的兼容端口,帮助进行自动连接。即使用户的鼠标不是直接在要连接的端口上面,潜在可连接的端口将以黄色矩形高亮显示,以便可以预览连接将在何处发生。这意味着可以快速地直接在单元上拖动新连接,而不用直接指向特定的小的端口。

控制流连接总是白色的,而值连接则根据其类型以颜色编码。可以在 2.1 节中找到每种类型的颜色。当工具栏中启用了值切换时,Bolt 将显示运行时遍历此连接的最后一个值。如果在 Unity 编辑器的菜单栏中选择 Edit→Preferences 命令,显示 Unity 编辑器的首选项窗口,使得 Bolt 页面中的 Predict Connection Values 被选中时,Bolt 会在进入 Unity 编辑器的播放模式之前尝试预测这些值,如图 4-11 所示。

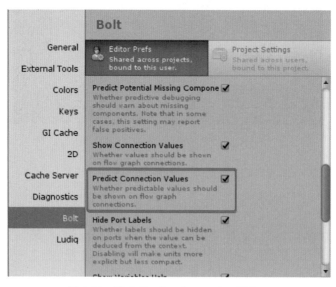

图 4-11　选中 Predict Connection Values

Bolt 可以在后台自动转换多种类型来保持图形的整洁。例如,不需要在 Transform 输出和 Animator 输入之间使用 Get Component,因为 Bolt 会自动在 Transform 输出和 Animator 输入之间自动转换,如图 4-12 所示。

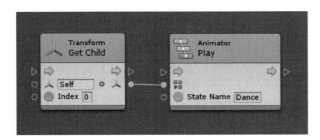

图 4-12　Bolt 会自动在 Transform 输出和 Animator 输入之间自动转换

Bolt 支持以下自动转换:

(1) 数字到数字的转换(例如整数到浮点数,反之亦然)。

(2) 基类到子类的转换。

(3) 子类到基类的转换。

(4) 自定义操作符的转换(例如,从二维矢量到三维矢量)。

(5) 游戏对象到子组件的转换。

(6) 父游戏对象的组件的转换。

(7) 同级组件的转换。

(8) 枚举类型到数组的转换。

(9) 枚举类型到列表的转换。

Bolt 还支持装箱和拆箱,这意味着它允许将任何对象类型端口连接到其他值端口。但是,开发者有责任确保这些类型是兼容的,否则将在播放模式中产生错误。

为了方便,一个端口可以连接多次。可以将单个值输出端口连接到多个值输入端口,如图 4-13 所示。

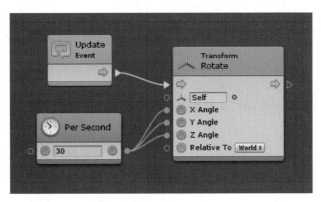

图 4-13　单个值输出端口连接到多个值输入端口

然而,不能将多个值输出端口连接到单值输入端口,因为这样 Bolt 不清楚应该使用哪个值。还可以将多个控制输出端口连接到单控制输入端口,如图 4-14 所示。例如,在图 4-14 里,当玩家按空格键或单击物体时,会施加一个跳跃力。

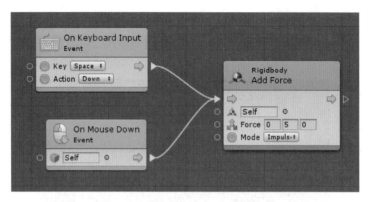

图 4-14 多个控制输出端口连接到单控制输入端口

不能直接将单个控制输出端口连接到多个控制输入端口,因为这样执行出口单元的顺序就不清楚了。可以为此目的使用受控的序列(Sequence)单元,如图 4-15 所示。

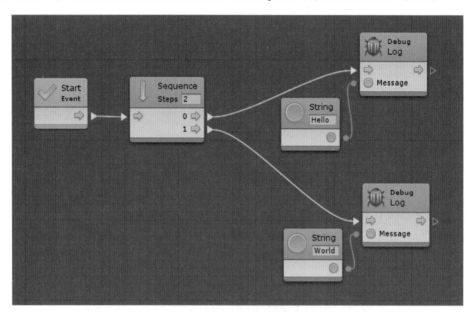

图 4-15 使用受控的序列单元

如果希望连接两个以上的连续操作,只需在 Sequence 单元图标头部的字段中输入更大的数字即可。

Bolt 也支持在单元的输出端口单击启动连接。单击图中的空白区域,模糊查找器将显示与所选源端口兼容的新单元选项。然后,当在模糊查找器中选择新单元时,Bolt 将自动将其连接到匹配的端口。

如果在 Bolt 视图的工具栏中打开关系(Relation),则会显示每个单元的内部连接,如图 4-16 所示。

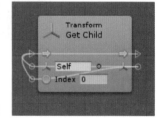

关系对于理解单元的每个端口之间的依赖关系很有用。例如,在 Add 单元中,可以看到如果想获得 A+B 的结果,就需要为 A 和 B 提供一个值,同样,可以看到在调用日志单元之

图 4-16 单元的内部连接

前,应该为它的信息输入端口提供一个值。Bolt 在后台使用此信息进行预测调试。例如,如果试图获取 A+B 的值而不提供 A 的值,则单元将显示为橙色,表示该单元在播放模式下会失败,如图 4-17 所示。

　　当这种情况发生时,可以使用图形检查器中显示的警告来确切地知道缺少了什么,如图 4-18 所示。

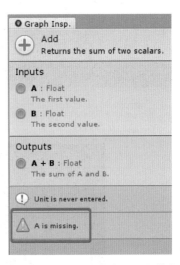

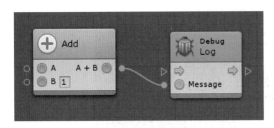

图 4-17　单元显示为橙色　　　　　　　图 4-18　图形检查器中显示的警告

　　关系还可以帮助确定哪些端口是必需的,哪些端口是可选的。例如在 Get Child 单元(位于模糊查找器中的 Codebase→Unity Engine→Transform 位置)中可以看到,如果只想获得转换值输出,实际上并不需要连接控制端口。

　　注意:不能编辑关系,它们是为每种类型的单元预定义的。

4.3　预测和实时调试

　　Bolt 将尝试在进入 Unity 编辑器的播放模式之前预测可能导致错误的单元。当单元没有正确配置或可能导致错误时,它将被标记为黄色。当一个单元可能会导致错误时,它将被标记为橙色。在这两种情况下,都应该检查单元并进行所需的更改,直到恢复到正常颜色。例如日志单元的颜色是橙色的,因为它缺少应该输出到控制台的消息,如图 4-19 所示。

　　如果将 A+B 的结果连接到消息,则日志节点将恢复正常。但是,Add 节点将变为橙色,因为它缺少第一个操作数 A,如图 4-20 所示。

　　如果正确地为两个操作数提供值,则一切都会恢复正常,如图 4-21 所示。

　　注意:这里不需要连接 B 输入端口,因为它有一个默认的内联值。

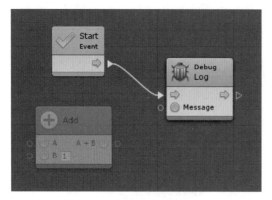

图 4-19　橙色的日志单元

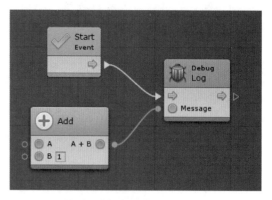

图 4-20　变为橙色的 Add 单元

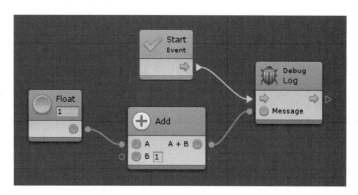

图 4-21　变为正常的单元

4.4　空引用

空引用异常非常常见。当一个参数需要一个值,但是把"什么都没有"或者 Null(脚本语言中的空值)给它,该异常就会发生。在 Unity 编辑器的菜单栏中选择 Edit→Preferences 命令显示 Unity 编辑器的首选项窗口,在 Bolt 面板中的 Flow Graphs 中勾选 Predict Potential Null References 复选框之后,Bolt 将尝试预测潜在空引用。例如,虽然销毁(Destroy)单元在这里有一个内联值,因为它被设置为 None(Null),所以销毁单元还是标记为橙色,如图 4-22 所示。

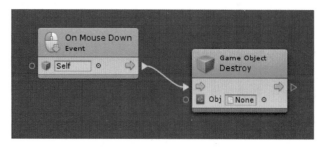

图 4-22　显示为橙色的销毁单元

但是,有一些更少见的单元允许空参数。不幸的是,因为无法从代码库分析中得知,Bolt 会把它们标记成橙色作为假阳性。如果这是一个反复出现的问题,那么可以关闭预测值空引用。

当使用需要组件的单元没有组件作为输入时,单元将被标记为黄色作为警告。例如,尽管为 Add Force 单元的每个输入值都提供默认值,但是 Bolt 检测到游戏对象没有刚体,于是 Bolt 提出警告,如图 4-23 所示。

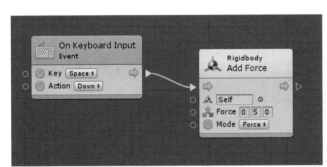
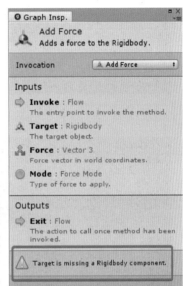

图 4-23　Add Force 单元缺少刚体组件输入

Bolt 不会把它标记为橙色,因为在运行时向游戏对象添加组件是可能的,所以如果在调用之前添加所需的组件,节点并不一定会导致崩溃。如果崩溃经常发生在项目中,可在 Unity 编辑器的菜单栏中选择 Edit→Preferences 命令显示 Unity 编辑器的首选项窗口,在 Bolt 面板中的 Flow Graphs 中禁用 Predict Potential Missing Components 选项。

4.5　实时调试

在播放模式下,当前活动节点以蓝色突出显示。如果发生错误,导致错误的节点将以红色突出显示。来看一个有问题的图,其尝试在按空格键时将第三个最喜欢的水果记录到控制台,如图 4-24 所示。

如果进入 Unity 编辑器的播放模式并单击对象,有问题的单元会标记为红色,如图 4-25 所示。

所有单元在单击时都以蓝色高亮显示,因为它们被激活了。然而,控制台提示有一个错误,如图 4-26 所示。

但它并没有确切地告诉哪里出错了。Bolt 用红色突出了错误的单元。这里犯了一个常见的错误:认为数组下标从 1 开始,而实际上它们从 0 开始。在脚本中,索引总是从 0 开

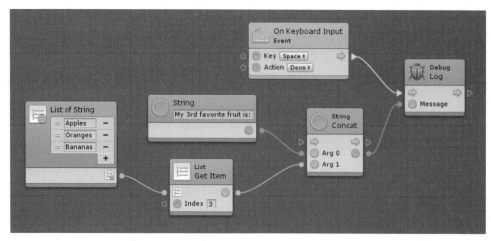

图 4-24　有问题的图

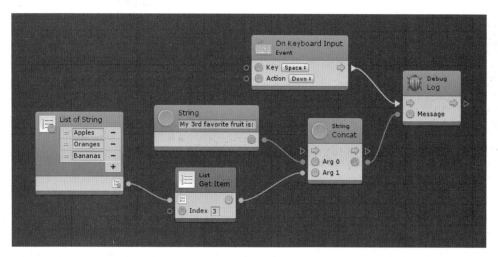

图 4-25　有问题的图的红色单元

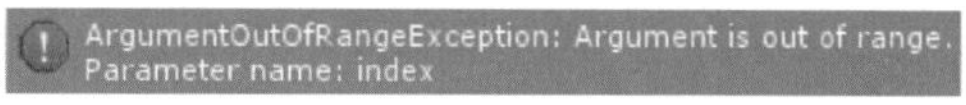

ArgumentOutOfRangeException: Argument is out of range.
Parameter name: index

图 4-26　控制台提示错误

始的。也就是说,第一项在索引 0 处,第二项在索引 1 处,第三项在索引 2 处,等等。因此,如果想要得到第三项,则需要在 Index 字段中输入 2,如图 4-27 所示。

然后,控制台将会输出,如图 4-28 所示。

图 4-27　在 Index 字段中输入 2

图 4-28　控制台的输出

4.6　超级单元

超级单元(Super Unit)是作为单个单元嵌套在父流图中的流图,这是 Bolt 的一个强大的特性,允许重用和组织流图。例如可以创建一个"伤害"(Take Damage)超级单元。它的任务是从 Health 对象变量中减去输入的损害,然后检查它是否低于 0,如果低于 0,它应该播放一个死亡动画。然后,它应该将控制权返回给父单元并输出一个布尔值来表示这个角色是否被杀死。

要创建一个空的超级单元,在图中右击一个空区域,在弹出的快捷菜单中选择 Nesting→Super Unit 命令,如图 4-29 所示。超级单元检查器的原理与流机器完全相同;如果需要,可以在嵌入和宏之间切换图的源代码并进行转换。

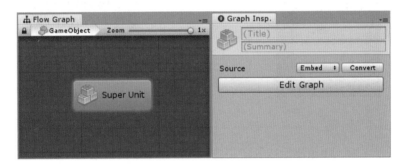

图 4-29　创建一个空的超级单元

在图检查器中给超级单元添加标题和摘要,如图 4-30 所示。

单击 Edit Graph 按钮或双击节点打开嵌套图。现在已经在子图中了,图视图左上角的面包屑允许向上导航,如图 4-31 所示。

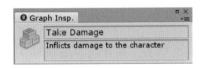

图 4-30　给超级单元添加标题和摘要

图 4-31　视图窗口左上角的面包屑

默认情况下,使用输入(Input)和输出(Output)单元作为超级单元中的嵌入图的输入和输出,如图 4-32 所示。

图 4-32　输入(Input)和输出(Output)单元

这些特殊的节点允许将控制流和值传递给父流图。输入(Input)单元允许定义从父图传递到超级单元的任何类型的流入口点(Entry Point)和参数(Parameter)。输出(Output)

单元允许定义流出口点(Exit Point)和任何类型的结果的超级单元可以返回到父图。对于Take Damage单元,需要两个输入:

(1) 控制输入,这表明角色应该受到伤害。

(2) 一个整型值的输入,表示这个角色应该失去多少生命值。

将损伤(Damage)输入设置为含有一个默认值5,隐藏该入口点的标签,因为它的作用可以从上下文推断出来。花一些时间定制每个端口的标签和摘要对于后期维护还是很重要的。在此过程中,输入节点将得到更新。当完成的时候,输入单元如图4-33所示。

接着单击输出节点,在图检查器中打开它。对于这里的单元,将需要两个输出:

(1) 出口控制输出,指示什么时候完成。

(2) 一个布尔值输出,表明该角色是否被损伤所杀死。

完成之后的输出节点如图4-34所示。

图 4-33　输入单元

图 4-34　完成之后的输出节点

以下是在定义输入和输出时需要牢记的一些非常重要的约束条件:

(1) 键不能为空值或空。

(2) 每个端口的键必须在整个图中是唯一的。不能拥有具有相同键的输入和输出,即使它们是不同的类型或类型。

(3) 如果更改一个键,则到该端口的所有连接都将被删除。Bolt使用键来标识端口,所以如果更改它们,连接就会过时。如果想在不丢失所有连接的情况下更改端口的名称,则可以使用Label属性覆盖它,这完全是表面的,对功能没有影响。

(4) 每个输入和输出的值都必须有一个类型。

如果不符合上述约束条件,Bolt会向检查器发出警告。现在已经有了输入和输出节点,然后输入其他单元和连接,完成后的超级单元如图4-35所示。

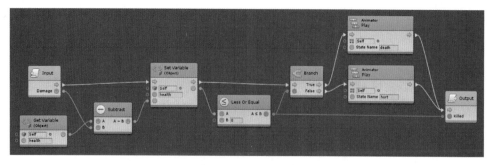

图 4-35　完成后的超级单元

在父图中,所有这些复杂的逻辑都变成了一个简单的单元,在父图中显示的超级单元有两个输入和两个输出,如图4-36所示。

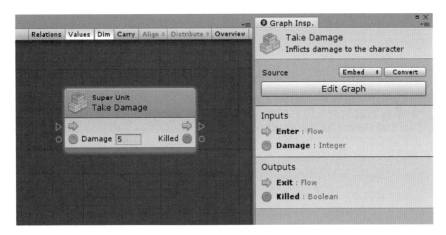

图 4-36 在父图中显示的超级单元

　　如果有一个流图,想要用作超级单元,可以拖动它到图中,或从模糊查找器中的宏类别创建它。如果想和别人分享该超级单元,简单地把它转换成一个宏并上传。由于宏只是普通的资产文件,可以与自己的团队和朋友共享该资产。

第5章

状态图和超级状态

5.1　状态

状态(State)用于告诉对象在特定情况下应该如何行动。它们经常被用于人工智能(AI)行为。例如,非玩家角色(None Player Character,NPC)的状态图可以有 4 个状态:巡逻、追赶、攻击和逃跑;再如,游戏中门锁的状态图可以有 3 个状态:锁定、解锁和打开。

在 Bolt 中,有如下两种状态图。

(1) 流状态图(Flow State):嵌套流图的状态图。这意味着可以在每个状态中使用所有单元和连接,一般创建的大多数状态图都是流状态图。

(2) 超状态图(Super State):嵌套另一个状态图的状态图。它们允许创建层次有限状态机,即状态机中的状态机。它们对于图的高级重用和组织非常有用。

这两种状态图都是 Nesters,这意味着它们的工作方式与机器完全一样:它们的子图可以嵌入,也可以从宏中引用。它们的检查器的外观和行为都是一样的。状态与转换连接在一起。

要显式地创建状态图,在项目视图中右击,在弹出的快捷菜单中选择 Create→Bolt→State Macro 命令,即可创建一个状态图,如图 5-1 所示。

可以通过选择一个或多个开始状态(Start State)来作为状态图的启动状态。要做到这一点,只需右击相应的状态并选择切换开始。启动状态用绿色高亮显示。与大多数有限状态机不同,Bolt 允许多种启动状态。这意味着可以让并行有限状态机在同一个图中运行,甚至在某个点加入。然而,在大多数情况下,只需要一个启动状态。

可以使用任意状态来触发到其他状态的转换,不管当前处于哪个状态,任意状态节点如图 5-2 所示。然而,此状态不能接收任何转换或执行任何操作。

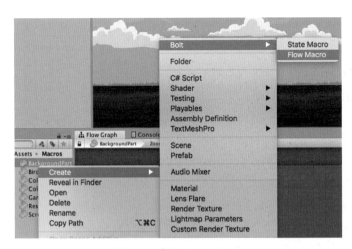

图 5-1 建立 State Macro

图 5-2 任意状态节点

状态图标的顶部是它的标题和摘要,如图 5-3 所示。这些对功能没有影响,只是一种识别状态的手段。可以选择状态嵌套图的源,并单击 Edit Graph 按钮打开它,还可以双击状态节点来打开它的嵌套图。

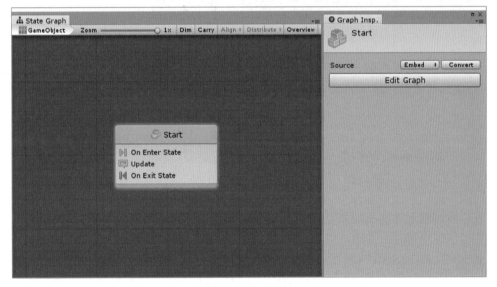

图 5-3 状态图标

5.2 流状态图

流状态的主体是嵌套流图中使用的所有事件的列表。默认情况下,流状态含有 On Enter State、Update 和 On Exit State 事件单元,如图 5-4 所示。但是如果不需要这些事件单元,则可以删除,并添加其他需要的事件单元。

在图 5-4 左上角的面包屑图中,可以看到目前在游戏对象的状态图中处于开始状态,如图 5-5 所示。

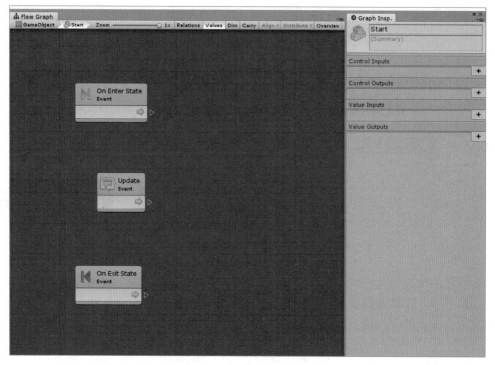

图 5-4　流状态默认含有的 On Enter State、Update 和 On Exit State 事件单元

可以使用工具栏的面包屑图随时导航回父图。在图形检查器的顶部,当没有选择节点时,可以编辑状态的标题和摘要,如图 5-6 所示。

图 5-5　面包屑图

图 5-6　编辑状态的标题和摘要

可以忽略输入和输出端口定义,端口定义一般只用于超级单元,而不用于流状态。图中预先包含了三个事件。在进入状态(On Enter State)时,由传入转换导致父状态时调用;在退出状态(On Exit State)时,在状态被一个传出转换退出之前调用;当状态处于活动状态时,每个帧都会调用 Update。添加到流图中的每个事件都将只在父状态处于活动状态时侦听。这个图的其余部分与正常的流图完全相同。可以使用的单元没有限制。

超级状态的创建和编辑完全类似于流状态。当然,主要的区别在于,它不是一个流图,而是另一个状态图。当输入超级状态时,将输入嵌套图的所有开始状态。当超级状态退出时,嵌套图的每个状态和转换都将处于非活动状态。

5.3　状态转换

转换(Transition)是连接状态,以确定活动状态何时切换。要创建转换,右击源状态并在弹出的快捷菜单中选择 Make Transition 命令。然后,单击目标状态,建立一个转换,如

图 5-7 所示。

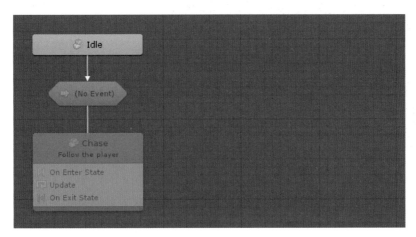

图 5-7 建立一个转换

作为快捷方式,可以在源节点上按住 Ctrl(Mac 下为 ⌘)键并拖动来创建转换。如同流状态,转换也是一个嵌套的流图。正如在图检查器中所看到的图,新转换存在一些问题,如图 5-8 所示。它从未被遍历过,因为还没有提供指定何时分支的事件。这就是该转换与目的状态一起变暗的原因。如果双击它的节点或单击 Edit Graph 按钮,就可以对转换图进行编辑。

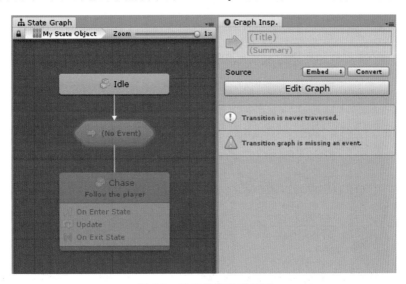

图 5-8 检查器中看到的图

默认情况下,转换图的配置如图 5-9 所示。

状态触发器转换(Trigger State Transition)单元是一个特殊单元,它告诉父状态应该通过当前转换进行分支。用于可以使用状态转换图中的任何单元,如事件或分支来触发此转换。例如,如果要转换到追逐状态,只有当带有 Player 标签的对象进入敌人的触发器时,可以有一个这样的转换图,如图 5-10 所示。

图 5-9 转换图的默认配置

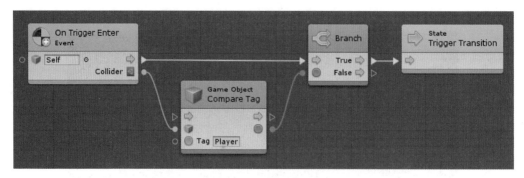

图 5-10　转换图示例

最后，如果想自定义转换在父状态图中的标签，可以取消选择所有单元，并在图检查器中编辑图的标题，如图 5-11 所示。

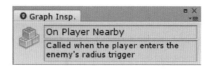

图 5-11　自定义转换在父状态图中的标签

当回到父状态时，在父状态图中转换的样子如图 5-12 所示。

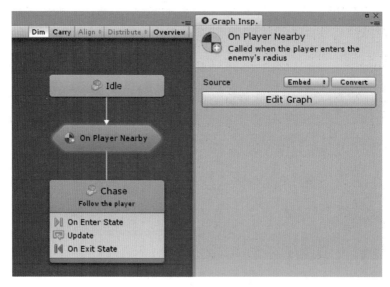

图 5-12　在父状态图中转换的样子

如果没有为转换分配自定义标题，则系统将使用事件的名称和描述作为显示标题。默认情况下，转换标签总是可见的。如果发现其在图中占用了太多的屏幕空间，可以在 Unity 编辑器的菜单栏中选择 Edit→Preferences 命令显示 Unity 编辑器的首选项窗口，在 Bolt 面板中的 State Graphs 中勾选 Transitions Reveal 复选框，更改其显示转换的模式，更改后的转换显示如图 5-13 所示。

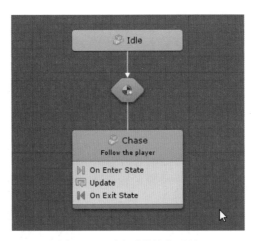

图 5-13　更改后的转换显示

有时候,状态向自身进行转换可能是有用的。右击状态并在弹出的快捷菜单中选择 Make Self Transition 命令。例如,假设想要一个敌人巡逻,每 3s 就把它的目标改变到一个随机的位置,其巡逻状态的流图如图 5-14 所示。

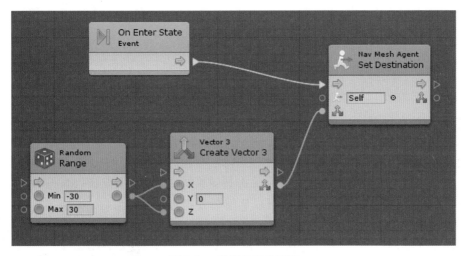

图 5-14　巡逻状态的流图

其自我状态转换的流图如图 5-15 所示。

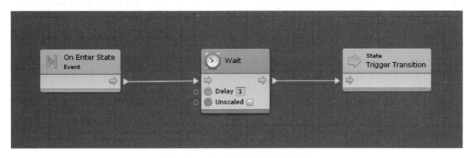

图 5-15　自我状态转换的流图

在父状态图中的自我状态转换图如图 5-16 所示。

可以向一个状态添加多少个转换是没有限制的,如图 5-17 所示。在转换之间没有优先级的概念,必须使用条件来确保选择了正确的转换。

图 5-16　在父状态图中的自我状态转换图

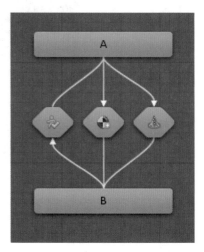

图 5-17　向一个状态添加多少个转换是没有限制的

5.4　状态单元

状态单元(State Unit)非常类似于超级单元,但是对于状态图而不是流图,它们允许将整个状态图嵌套到父流图中的单个单元中。

要创建空白状态单元,在模糊查找器中选择 Nesting→State Unit 命令。与往常一样,可以双击节点或单击检查器中的 Edit Graph 按钮打开嵌套图。要从宏(Macro)中创建状态单元,可以将宏资产拖动到图形中,也可以从模糊查找器中的宏类别中选择它。

状态单元如图 5-18 所示。有两个控制输入端口来指示何时启动和停止它,以及两个匹配的控制输出端口来指定之后要做什么。

图 5-18　状态单元

启动状态单元时,将输入嵌套状态图中的所有开始状态。当它停止时,嵌套图中的每个状态和转换都将被标记为非活动的。

第6章
和Unity的脚本协作

Bolt 支持 Unity 中的每个类和结构类型。默认情况下，模糊查找器中只包含最常见的类型以及从 Unity 对象派生的所有类型，如组件、Mono 行为和可编写脚本的对象。如果需要在图中使用非 Unity 类型，可以在 Unity 编辑器的菜单栏中选择 Tools→Bolt→Unit Options Wizard 命令添加它。例如，如果想使用低级图形 API 调用，可以添加 Unity Engine GL 类，然后单击 Generate 按钮。如果想使用来自自定义程序集的自定义类型（如第三方插件），需要首先在程序集选项（Assembly Options）中添加它。

Bolt 提供了一个简单的 API 来处理变量，允许获取或设置变量的值，并检查是否定义了变量。所有这些操作都可以从 Variables 类中获得。例如：

```
Variables.Application.Set("score",100);
```

6.1　变量作用域

要访问图上的变量，首先需要创建一个图引用。如果只想在机器上得到根图，可以使用以下代码：

```
var graphReference = GraphReference.New(flowMachine);
```

要访问嵌套图，需要将它们的父节点作为附加参数传递。例如：

```
var graphReference = GraphReference.New(flowMachine,
                     superUnit);
```

最后，只需传递图形的引用：

```
Variables.Graph(graphReference)
```

访问对象上的变量：

```
Variables.Object(gameObject)
```

访问场景变量：

```
Variables.Scene(scene)
```

或者

```
Variables.Scene(gameObjectInScene)
```

或者

```
Variables.ActiveScene
```

访问应用程序变量：

```
Variables.Application
```

访问存储级别的变量：

```
Variables.Saved
```

要获得变量的值，使用带有名称参数的 Get()方法：

```
scope.Get("name");
```

变量不是强类型的，因此需要手动转换它们。例如：

```
int health = (int)Variables.Object(player).Get("health")
```

要设置变量的值，使用具有名称和值参数的 Set()方法：

```
scope.Set("name",value);
```

因为变量不是强类型的，所以可以将任何值传递给第二个参数，即使当前变量是不同类型的。使用带有尚未存在的变量名的 Set()方法将定义一个新变量。

例如：

```
Variables.Object(player).Set("health",100);
```

要检查变量是否已定义，请使用带有名称参数的 IsDefined()方法：

```
scope.IsDefined("name");
```

例如：

```
if(Variables.Application.IsDefined("score"))
{
    //...
}
```

6.2　事件 API

Bolt 提供了一个简单的 API 来从脚本触发自定义事件。需要一个调用方法：

```
CustomEvent.Trigger(targetGameObject,argument1,
                    argument2,...)
```

该方法可以传递任意数量的参数(或者根本不传递事件),就好像这个自定义事件单元一样,如图 6-1 所示。

可以用以下代码触发:

```
CustomEvent.Trigger(enemy,"Damage",30);
```

图 6-1　自定义事件单元

6.2.1　重构

Bolt 可以从项目中的任何自定义脚本自动调用方法、字段和属性。例如,可以使用 TakeDamage()方法从自定义 Player 类中创建节点:

```
using UnityEngine;

public class Player:MonoBehaviour
{
    public void TakeDamage(int damage)
    {
        //...
    }
}
```

在图中,自定义 Player 类的单元如图 6-2 所示。

如果更改脚本并重命名或删除 TakeDamage()方法或 Player 类,则:

```
using UnityEngine;

public class Player:MonoBehaviour
{
    public void InflictDamage(int damage)
    {
        //...
    }
}
```

相关单元将在图形窗口中变为红色,Bolt 将向控制台记录一个警告,如图 6-3 所示。警告内容如下:

```
Failed to define Bolt.InvokeMember.
System.MissingMemberException:No matching member found: 'Player.TakeDamage'
```

图 6-2　自定义 Player 类的单元

图 6-3　出错 Take Damage 单元

6.2.2　重命名成员

如果在 Unity 脚本中的成员变量名发生了改变,而 Bolt 所生成的数据库还未来得及做出相应更改,则为了修复这个问题,可以重新打开脚本文件,并使用 RenamedFrom 属性将新名称映射到前一个名称,它接收一个字符串参数成员的前一个名称:

```
using UnityEngine;
using Ludiq;

public class Player:MonoBehaviour
{
    [RenamedFrom("TakeDamage")]
    public void InflictDamage(int damage)
    {
        //...
    }
}
```

即使在成功重新编译之后,也建议在源代码中保留该属性。这是因为 Bolt 不能保证 Unity 会用正确的名称重新序列化所有的图形。在这方面,Bolt 的 RenamedFrom 属性很像 Unity 自己的 FormerlySerializedAs 属性。

6.2.3　重命名类型

同样地,如果在 Unity 脚本中类型名称发生了改变,还可以使用 RenamedFrom 属性重命名类型(包括类、结构和枚举)。例如,可以将 Player 类重命名为 Character:

```
using UnityEngine;
using Ludiq;

[RenamedFrom("Player")]
public class Character:MonoBehaviour
{
    [RenamedFrom("TakeDamage")]
    public void InflictDamage(int damage)
    {
        //...
    }
}
```

旧名称必须包含名称空间。在前面的示例中,它不是必需的,因为其位于全局命名空间中。

6.3　实时编辑

Bolt 支持完整的实时编辑,这意味着可以在游戏模式下创建和编辑图形。不局限于调整值,还可以添加和删除节点、连接等。按照 Unity 的约定,当退出播放模式时,对嵌入所做的更改将会恢复,因为它们位于组件内部,而宏的更改将在退出播放模式时保存,因为它们位于资产中。如果希望保留对组件图所做的更改，请确保在退出播放模式之前复制修改过的节点，然后就可以在编辑模式下粘贴它们。在实时模式下，Bolt 将在连接上显示流，如图 6-4 所示。

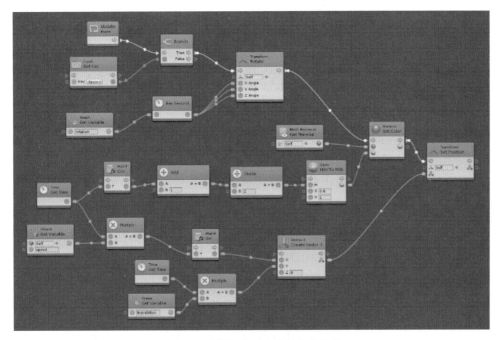

图 6-4　播放模式下在连接上显示流

可以从编辑器的首选项窗口禁用在值连接或者控制连接上的动画，如图 6-5 所示。

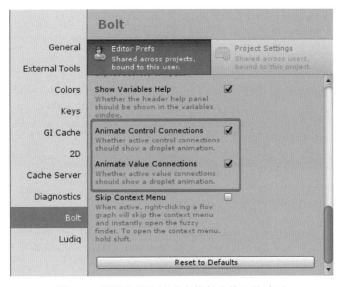

图 6-5　禁用在值连接或者控制连接上的动画

与传统的 Unity 组件不同，Bolt 宏保存了在播放模式下所做的更改，对宏所做的更改将立即在该宏的所有实例中共享。

## 第7章

Bolt的高级议题

iOS 平台中,Unity 引擎采用了 Mono 的 AOT(Ahead-Of-Time)机制,静态编译过程中将 C♯ 实现的函数直接编译为 CPU 可执行的源代码(例如,ARM、X86 等)。开发的 C♯ 代码编译之后会生成命名为 mono_aot_module_info 全局符号模块,每个 C♯ 代码模块在 iOS 平台中采用静态编译机制。Bolt 支持所有的 Unity 二进制构建目标,包括诸如 iOS、Android、WebGL、WSA 等 AOT 平台。然而,在构建 AOT 平台之前,需要运行一个额外的步骤,以使 Unity 编译器提前编译反射的成员和类型。简单地,在 Unity 编辑器的菜单栏中选择 Tools→Ludiq→AOT Pre-Build 命令并在 AOT 的 Pre-Build 窗口中单击 Pre-Build 按钮即可,如图 7-1 所示。

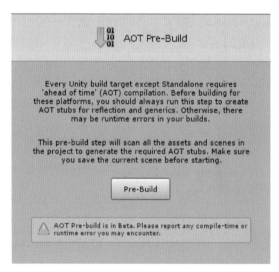

图 7-1 AOT Pre-Build 窗口

如果忘记执行这一步,可能会出现以下错误:

```
ExecutionEngineException: Attempting to call method (...) for which no ahead of
time (AOT) code was generated.
```

因为 AOT 平台不安全地支持泛型,所以当设置目标为 AOT 平台时,泛型类型在默认情况下是不可用的。禁用这种行为,可以在 Unity 编辑器的菜单栏中选择 Tools→Ludiq→Project Settings 命令取消 AOT 安全模式,如图 7-2 所示。

在构建通用 Windows 平台(UWP,以前称为 Windows Store Apps(WSA)或 Metro)时,Bolt 需要使用 IL2CPP 脚本后端。要改变它,在 Unity 编辑器的菜单栏中选择 Edit→Project Settings→Player 命令,选择 Windows 商店面板,改变为 IL2CPP 脚本后端,如图 7-3 所示。

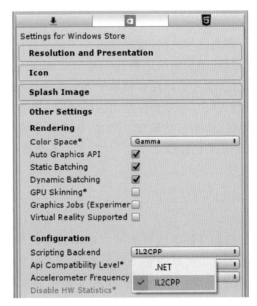

图 7-2　取消 AOT 安全模式　　　　图 7-3　改变 IL2CPP 脚本后端

Ludiq. AotPreBuilder. PreCloudBuild()方法可以作为预导出方法名称自动挂钩到云构建过程中。有关详细信息,请参阅 Unity 文档。

7.1　预制件支持

如表 7-1 所示,除了在编辑器中创建的嵌入图形预制件外,对每种类型的图形都有完整的预制件(Prefab)的支持。

表 7-1　宏和嵌入式在预制件上的不同表现

预制件实例	宏	嵌入式
在编辑器内创建	✔	⚠
在运行时实例化	✔	✔

如果使用带有嵌入图的机器作为预制件,那么对预制件定义的编辑不会自动传播到预制件实例。当尝试这样做时,Bolt 将在检查器和图形窗口中显示改变带有嵌入图的机器不

会自动传播到预制件实例的警告消息,如图 7-4 所示。

图 7-4　改变带有嵌入图的机器不会自动传播到
预制件实例的警告消息

为了避免这种情况,请记住这个经验法则:当将机器添加到预制组件时,使用宏而不是嵌入。Bolt 使用定制的序列化引擎 FullSerializer,而不是 Unity 的默认序列化。Unity 的序列化在嵌套、可扩展性和覆盖率方面非常有限。由于这个原因,预制件的处理方式稍有不同。在预制件中,可能会注意到这样做的一个次要结果:当粗体显示检查器标签和值时,它指示的是区分,而不是覆盖。例如,如果预置实例上的检查器字段具有与预置定义相同的值,那么即使它已经覆盖了这个值,它也不会被粗体显示。

7.2　版本控制

Bolt 插件文件应该被排除在版本控制之外。这将使提交的大小最小化,并保持更干净。如果正在为项目使用公共存储库,那么必须排除带有下面说明的 Bolt 文件。如果不这样做,实际上是在非法地重新在网上销售 Bolt,并违反了 Unity 资产商店 EULA 和 ToS 条款。

7.2.1　排除文件

要从版本控制解决方案中排除文件,标准方法是包含一个指定要排除哪些文件和文件夹的文件。应该将该文件放在 Project 文件夹的根目录下,位于 Assets 文件夹的上方。

(1) 如果使用 Git,则将此文件命名为. gitignore。

(2) 如果正在使用 Unity Collab,则将此文件命名为. collabignore。

(3) 如果使用 Subversion,则需要手动忽略这些文件。

在 Windows 上,在文件浏览器中不允许创建没有文件名的文件。按照这些说明创建文件。

7.2.2　忽略文件模板

这个模板将忽略所有的核心 Bolt 文件,同时保留项目设置和变量。它还包括标准的 Unity 忽略不应该版本化的文件的指令。根据需要,可以对瞬态部分进行注释或关闭。如果不确定,则可以让它开启。

```
# # Bolt
# Always exclude these files, because they are part of the plugin
```

```
Assets/Ludiq/Assemblies
Assets/Ludiq/Assemblies.meta
Assets/Ludiq/Ludiq
Assets/Ludiq/Ludiq.meta
Assets/Ludiq/*/LICENSES.txt
Assets/Ludiq/*/LICENSES.txt.meta
Assets/Ludiq/*/Documentation
Assets/Ludiq/*/Documentation.meta
Assets/Ludiq/*/IconMap
Assets/Ludiq/*/IconMap.meta
Assets/Ludiq/Ludiq.Core/DotNetDocumentation
Assets/Ludiq/Ludiq.Core/DotNetDocumentation.meta
Assets/Ludiq/*/*.root
Assets/Ludiq/*/*.root.meta

# Optionally exclude these transient (generated) files,
# because they can be easily re-generated by the plugin

Assets/Ludiq/Bolt.Flow/Generated/UnitOptions.db
Assets/Ludiq/Bolt.Flow/Generated/UnitOptions.db.meta
Assets/Ludiq/Ludiq.Core/Generated/Property Providers
Assets/Ludiq/Ludiq.Core/Generated/Property Providers.meta

## Unity
# From:
https://github.com/github/gitignore/blob/master/Unity.gitignore

[Ll]ibrary/
[Tt]emp/
[Oo]bj/
[Bb]uild/
[Bb]uilds/
Assets/AssetStoreTools*

# Visual Studio cache directory
.vs/

# Autogenerated VS/MD/Consulo solution and project files
ExportedObj/
.consulo/
*.csproj
*.unityproj
*.sln
*.suo
*.tmp
*.user
*.userprefs
*.pidb
*.booproj
*.svd
```

```
*.pdb
*.opendb

# Unity3D generated meta files
*.pidb.meta
*.pdb.meta

# Unity3D Generated File On Crash Reports
sysinfo.txt

# Builds
*.apk
*.unitypackage
```

7.2.3 删除忽略文件

如果以前提交了应该被删除的文件,可以使用以下 Git 命令来创建删除它们的提交:

```
git rm -r --cached .
git add .
git commit -am "Remove ignored files"
```

如果将这些文件推送到公共存储库,那么将不会从提交历史中删除它们。因此,仍将有可能非法重新分发 Bolt 文件。要么将存储库设置为私有,要么删除原库,而使用从未包含 Bolt 文件的新树启动一个新的存储库。

## 第8章

Bolt基本单元介绍

8.1 Self 单元

Self 单元返回拥有图的游戏对象。大多数情况下,单元会将它们的目标默认为 Self,这样就不必显式地使用这个节点。图 8-1 中所示的两个图是等价的。

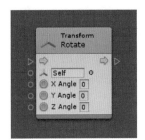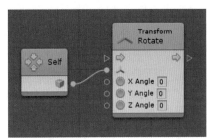

图 8-1 两个等价的图

并不是所有单元都支持内联值,这些单元在默认值字段中显示 None 而不是 Self,例如 Destroy 单元。在这些情况下,如果想使用 Self,则必须手动指定连接 Obj 对象参数,如图 8-2 所示。

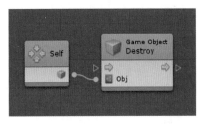

图 8-2 手动指定连接 Obj 对象参数

甚至在宏中也可以使用 Self 单元,即使它们"还"不属于游戏对象。当在流机器上使用 Self 节点时,它将在运行时表示图的所有者。

8.2　控制流

8.2.1　Branch 单元

Branch 单元根据值分割控制流。通用 Branch 单元使用布尔条件,如图 8-3 所示。如果条件为真,则做点什么,否则,做点其他什么。

图 8-3　Branch 单元

图 8-4　Switch 单元

8.2.2　Switch 单元

还可以根据枚举、字符串或整数的值进行分支,这些单元被称为 Switch 单元,就像它们在脚本中一样,如图 8-4 所示。要 Switch 枚举,首先需要决定枚举类型,这样会使分支输出端口出现。

要基于字符串或数字进行切换,首先需要在图形检查器中创建每个分支选项,如图 8-5 所示。该单元将更新每个输出端口,更新后的每个输出端口如图 8-6 所示。

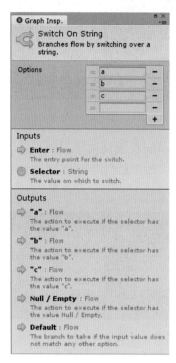

图 8-5　在图形检查器中创建每个分支选项

图 8-6　更新后的每个输出端口

对于字符串,可以选择忽略选择器的大小写。

注意:如果输入选择器与任何其他选项不对应,则控制流应该采用 Default 端口路径。

8.2.3　Select 单元

Select 单元与 Switch 单元相反。它允许从一组选项中选择单个选项。这里有一个整数单元的选择例子,它根据号码选择相应的颜色,如图 8-7 所示。

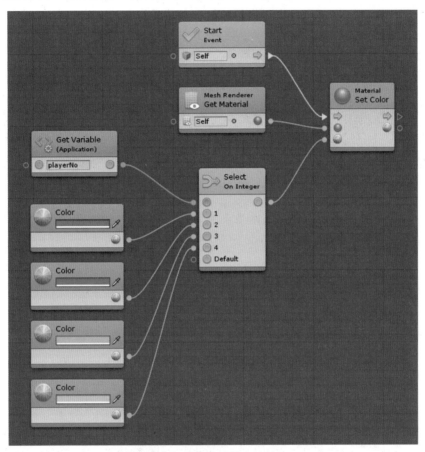

图 8-7　整数单元的选择例子

注意:这里的预测调试警告,如果 playerNo 不在 1、2、3 或 4 中,就会出现错误。如果确信它永远不会是 5 或 6,那么可以安全地忽略这个警告。

8.3　循环

循环允许一定数量的迭代重复逻辑,要重复的逻辑称为循环体。循环结束后,将调用出口端口。

注意:每个循环的主体是同步调用的,而不是在多个帧的过程中调用。通过手动侦听更新事件,可以实现类似于协程的行为。

8.3.1　While 循环单元

While 循环是循环的最简单形式。只要条件为真，它将重复它的循环体。例如，生成一个新的随机名称，直到结果不包含在 names 应用程序变量中，如图 8-8 所示。

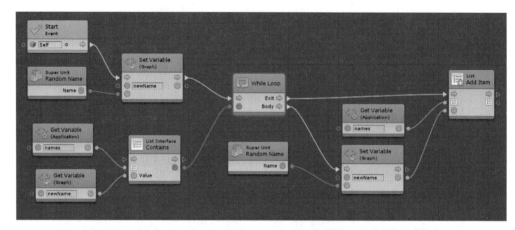

图 8-8　生成一个新的随机名称

注意：不要创建一个无限循环。如果条件总是正确的，编辑器就会被挂起。因为循环体是同步的，而不是并行的，所以在 Bolt 中 While 循环的用途很少。

8.3.2　For Each 循环单元

For Each 循环对集合中的每个元素进行迭代。它输出正在循环的当前索引和项。例如，向控制台输出如下 3 条消息，如图 8-9 所示。

I like cats
I like dogs
I like birds

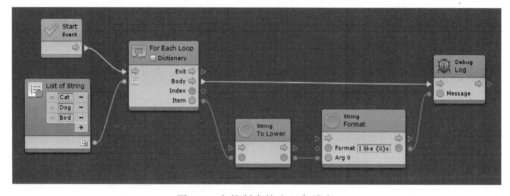

图 8-9　向控制台输出 3 条消息

要从循环中的字典访问键和值，请选中循环单元中字典框，如图 8-10 所示。

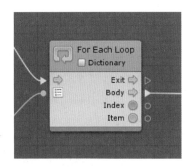

图 8-10　循环单元中字典框

8.3.3　For 循环单元

For 循环是一个数值循环。它需要 3 个整数参数：开始索引值、结束索引值和步长。循环将从第一个索引值开始，然后通过步长的增量向最后一个索引值移动，同时输出当前索引。例如，跳过奇数从 0 数到 10，由于它的步长为 2，它的输出是 0、2、4、6、8，如图 8-11 所示。

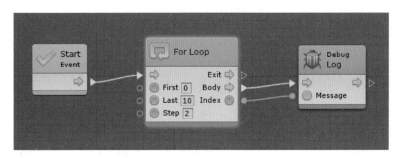

图 8-11　跳过奇数从 0 数到 10

For 循环在与 Get List Item 和 Count Items 单元相结合时也非常有用。例如，把 I like {animal} 输出到控制台，如图 8-12 所示。但是，这里不是使用 For Each 循环输出每个项，而是通过列表中的索引手动获取每个项，允许指定不同的增量（在本例中是 2）并跳过一些项。因此，此图将只输出如下两条消息：

```
I like cats
I like birds
```

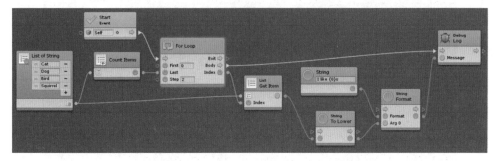

图 8-12　把 I like {animal} 输出到控制台

8.3.4　中断循环单元

可以使用 Break Loop 单元告诉循环提前结束。一旦这个单元被调用,循环的出口端口就会被调用,不管还剩下多少迭代。例如,尽管 For 循环应该从 1 到 10,但由于中断,它将在 5 停止。因此,它的输出是 0、1、2、3、4。该中断循环示例,如图 8-13 所示。

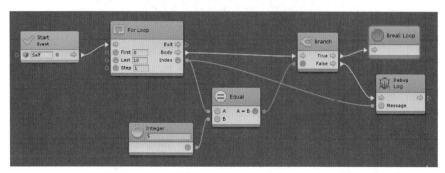

图 8-13　中断循环示例

8.4　异常处理

8.4.1　Try Catch 单元

Try Catch 单元允许处理发生的异常(Exception)。这是防止游戏崩溃的好方法,以防一些代码可能会失败。在 Try 分支中执行的任何内容都被认为是"安全的"。如果失败,则流将从 Catch 分支继续执行。如果发生这种情况,则异常端口将包含关于故障的信息。处理它的一种常见方法是使用异常消息记录警告。Try Catch 单元的例子如图 8-14 所示。

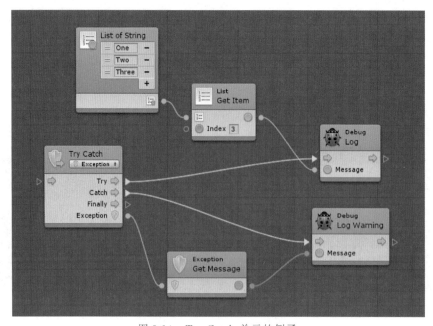

图 8-14　Try Catch 单元的例子

默认情况下,此单元捕获任何异常。通过更改下拉列表中的异常类型,可以在处理时更加具体。Finally 分支是可选的,无论操作是否成功,在 Try 或 Catch 之后都会调用它。它通常用于处理或销毁需要确保释放的任何资源。如果不需要,则可以将该端口断开连接。

8.4.2　Throw 单元

Throw 单元允许生成自己的异常来停止流,然后可以用 Try Catch 机制处理它们。当一些意想不到的事情发生时,尽早抛出异常是一个很好的方式。它有助于在早期捕获错误,而不是让它们向下渗透,并产生难以调试的意外副作用。例如,可以在应用 damage 数值之前确保它是正的,如图 8-15 所示。

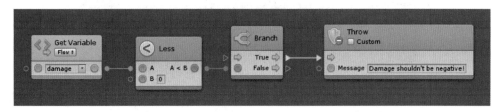

图 8-15　在应用 damage 数值之前确保它是正的

如果勾选自定义复选框,将能够传递一个自定义异常对象,该对象可以包含比简单消息更多的数据。大多数情况下,这不是必需的。默认情况下,抛出的异常是 System. Exception 类型。

8.5　切换

Toggle 单元就像开关,它们可以像开关一样来影响流或数值,也可以把它看作是可以开启和关闭的“门”。

8.5.1　Toggle Flow 单元

Toggle Flow 单元开启或者关系控制流。开启时,流会通过;关闭时,流不通过。例如,当按下空格键时,物体会开始上升,如果再次按下空格键,则物体会停止。有许多输入和输出允许对逻辑进行细粒度控制。使用 Toggle 是因为想要相同的事件(一个按键)来打开和关闭 Toggle。在输出端,Is On 布尔端口表示切换是否当前已打开。控制输出按表 8-1 进行触发。

表 8-1　各种切换端口的功能

端　　口	在何时触发
On	流打开时,通过未标记的输入进入切换
Off	流关闭时,通过未标记的输入进入切换
Turned On	切换打开,或通过 On 或 Toggle 输入
Turned Off	切换被关闭,通过 Off 或者 Toggle 输入

8.5.2　Toggle Value 单元

Toggle Value 单元在两个不同的输入值之间进行选择，这取决于它是打开的还是关闭的。它的端口与 Toggle Flow 单元完全相同。例如，按下空格键会使物体向上移动，要用 1 或 0 的值作为垂直速度。打开工具栏中的关系可以很好地提示切换端口之间的流动，切换端口之间的流动的关系展示如图 8-16 所示。

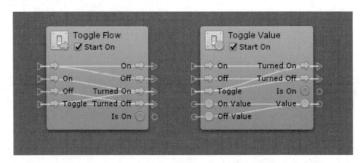

图 8-16　切换端口之间的流动的关系展示

8.5.3　Once 单元

Once 单元允许在第一次和后续时间遍历它时执行不同的逻辑，如图 8-17 所示。

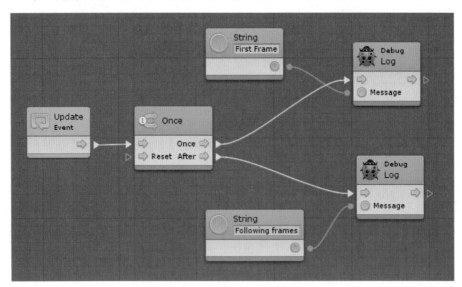

图 8-17　Once 单元

可以通过进入复位(Reset)端口进行复位。

8.5.4　Cache 单元

Cache 单元允许暂存一个费时计算的结果，并重用它，而不是每次需要时重新计算该结果。例如，假设有一个费时的公式要计算，想要记录两次结果，没有使用 Cache 单元之前的流图如图 8-18 所示。

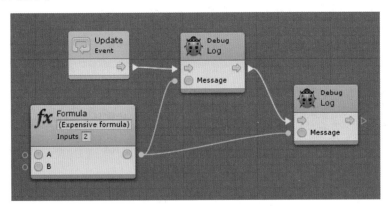

图 8-18　没有使用 Cache 单元之前的流图

通过使用 Cache 单元之后的流图，系统可以暂存结果并只计算一次，从而优化了性能，如图 8-19 所示。

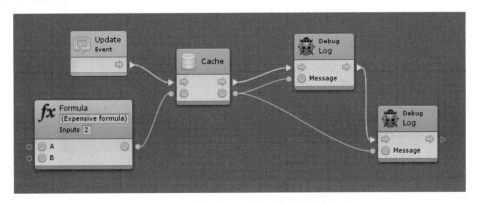

图 8-19　使用 Cache 单元之后的流图

需要注意的是，缓存只在当前流图的范围内有效。例如，缓存的值不能共享或供其他事件用。

8.6　时间

8.6.1　Wait 单元

Wait 单元允许延迟流的其余部分的执行。延迟可以是设置的秒数，也可以是继续之前必须满足的条件。Unity 中的异步（延迟执行）是由协同程序（而不是多线程）处理的。这意味着需要告诉 Bolt 将流作为协同程序运行，以支持 Wait 单元。幸运的是，所要做的就是在启动流的初始事件上启用协程复选框，该复选框可以在图检查器中找到，如图 8-20 所示。

当这样做的时候，一个小的双箭头图标会出现在事件上，表明它作为一个协同程序运行。如果忘记启用协程复选框，那么将在运行时得到一个错误提示，即当到达 Wait 单元时，端口"只能在协程中触发"。所有 Wait 单元也可以在循环和序列中使用。

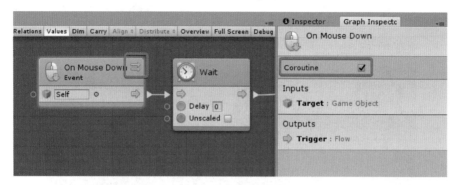

图 8-20　启用协程复选框

8.6.2　Wait For Second 单元

Wait For Second 单元是最简单也是最常见的 Wait 单元,如图 8-21 所示。它将执行延迟一定的秒数。

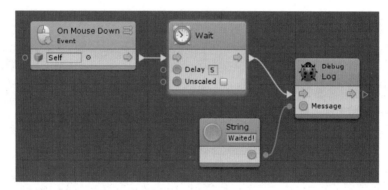

图 8-21　Wait For Second 单元

8.6.3　Wait Until 单元

Wait Until 单元停止执行,直到满足给定的条件,如图 8-22 所示。例如,可以等待直到一个对象足够接近。

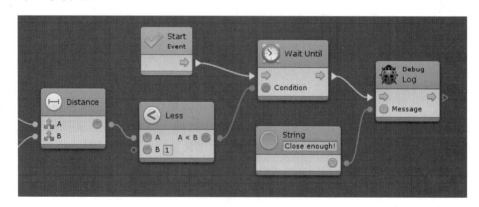

图 8-22　Wait Until 单元

8.6.4　Wait While 单元

Wait While 单元与 Wait Until 单元相反，如图 8-23 所示。只要满足给定条件，它就停止执行。例如，当一个对象太远时，可以一直等待。

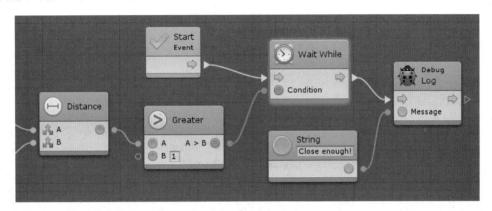

图 8-23　Wait While 单元

8.6.5　Wait For Frame 单元

顾名思义，等待帧（Wait For Frame）的结束和等待下一个帧单元允许延迟执行，直到 Unity 的更新循环中的一个特定时间点被满足。

8.6.6　Wait For Flow 单元

Wait For Flow 单元允许延迟执行，直到所有输入流至少输入一次。这是对发生在多个事件或框架上的条件进行分组的一种有用方法。在其他语言中，这个概念有时被称为"承诺"。

8.6.7　Cooldown 单元

当输入流只能被固定频率触发时，Cooldown 单元允许轻松地实现时间限制，如图 8-24 所示。

Duration 端口决定了冷却时间。冷却时间是指不可用恢复到可用的时间。当冷却时间可用时，输入流被转移到 Ready 端口。当冷却时间不可用时，它被转移到 Not Ready 端口。勾选 Unscaled 复选框将使它忽略时间尺度。当冷却时间激活时，Tick 端口在每一帧被调用。这是一个可以更新任何 GUI 代码的地方，例如显示剩余持续时间的指示器，直到可以再次调用该操作。为了得到这个值，有如下两个选项：①Remaining，

图 8-24　Cooldown 单元

用于返回到就绪时间的秒数；②Remaining％，返回介于 0 和 1 之间的值，分别从 Ready 到 Not Ready 之间的比例。一旦冷却时间准备好，Completed 端口将被触发一次，不需要不断地通过输入流来触发这个端口。最后，可以通过触发 Reset 端口来强制冷却时间准备好并重置其内部计时器。这里有一个 Cooldown 单元的例子，实现一个简单的冷却时间射击机制在动画精灵和文字上显示有多少时间可以再次射击，如图 8-25 所示。

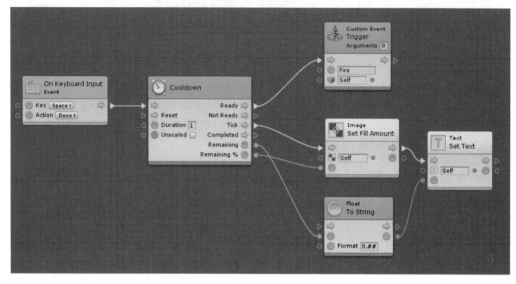

图 8-25　Cooldown 单元的例子

8.6.8　Timer 单元

Timer 单元允许轻松实现和监视时间暂停的过程，如图 8-26 所示。

图 8-26　Timer 单元

Duration 端口确定了需要多长时间再次可用的冷却时间。勾选 Unscaled 复选框可以忽略时间尺度。计时器通过触发 Start 输入来启动，而 Start 输入又会触发 Start 输出。它可以通过 Pause 和 Resume 使输入暂停和继续，也可以通过 Toggle 使输入在这些状态之间切换。当计时器处于活动状态时，在每一帧都会调用 Tick 端口。为了获得时间度量，有两个选项：①Elapsed，返回计时器启动后的时间；②Remaining，返回计时器结束前的时间。

可以以绝对秒数(或%)获得这些度量值,该值返回 0～1 的值,这对插值很有用。一旦计时器完成,Completed 端口将被触发一次。这里有一个 Timer 单元的例子,说明如何在一个精灵上实现一个简单的自动销毁机制,它会在销毁之前逐渐将其涂成红色,如图 8-27 所示。

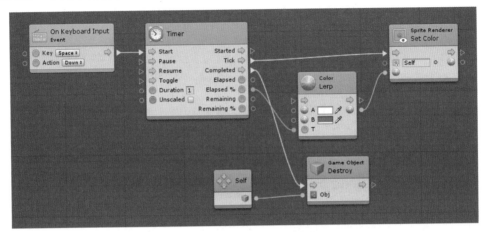

图 8-27　Timer 单元的例子

8.7　事件

事件(Events)是用于监听某种条件发生的触发器,当条件发生时,系统可以做一些事情。它们是所有流的起点,并在图中作为特殊的绿色节点显示,绿色节点表示的事件单元组,如图 8-28 所示。在根事件类别下,有多种类型的事件可供选择。

两个简单的常见事件是启动和更新,两者都位于图的生命周期内。在首次创建图形或事件处理程序时,只调用一次 Start。当图形或事件处理程序处于活动状态时,每帧都会调用 Update。默认情况下,新的流机器从这两个事件开始,如图 8-29 所示。

图 8-28　绿色节点表示的
事件单元组

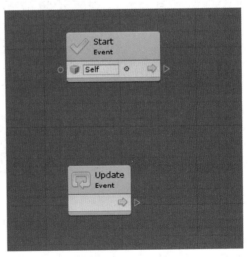

图 8-29　新的流机器从 Start 和 Update 事件开始

所有事件都有一个触发器控制输出,当它们被触发时启动流。当事件具有值输入时,这些选项会影响事件何时触发。例如,一些事件有一个 Target 设置,它决定哪个对象正在监听事件。通常,会将此设置保留为其默认值 Self。事件的值输出是由事件传递的参数提供了关于实际发生的事情的更多信息。例如,在 On Trigger Enter 事件中,参与碰撞的另一个碰撞器是输出,如图 8-30 所示。

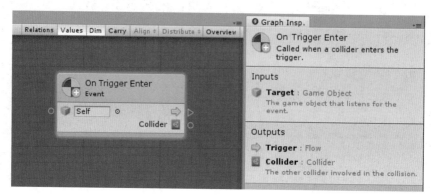

图 8-30　On Trigger Enter 事件单元

8.7.1　自定义事件

有一种特殊类型的事件,即自定义事件,可以使用它跨图基于定制参数触发自定义的事件。假设想创建一个名为 On Damage 的自定义事件,该事件会使角色失去生命值。此事件应该有一个整数参数,该参数指示要造成的损失数量。首先,可以通过创建 Custom Event 单元(在 Events 下)来侦听事件,把它的名字设置为 On Damage。名字下面的字段是参数个数,将其设置为 1,如图 8-31 所示。

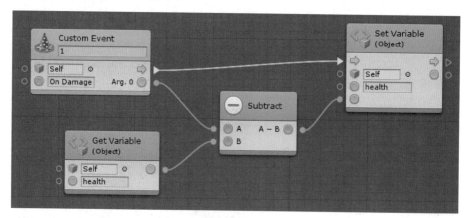

图 8-31　自定义事件单元例子

这里索引是基于零的,因此第一个参数被标记为 Arg.0。要从其他地方触发事件,必须使用 Trigger Custom Event 单元,它位于模糊查找器中的 Custom Event 中。可以用同样的方式配置它。确保以完全相同的方式输入事件的名称,因为 Bolt 对大小写和空格敏感。举个例子,如果在一块石头上创造了一个可以击中玩家角色的流机器,想要使用撞击的力量作为伤害玩家角色的数值,如图 8-32 所示。

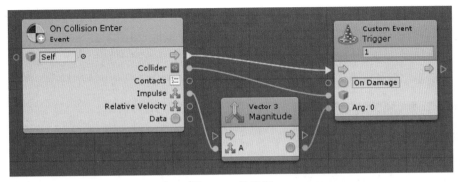

图 8-32　触发图

　　注意：使用的是撞击石块的碰撞器作为触发点的目标。这意味着伤害事件将触发所有附着在碰撞器上的机器。最后，可以从接收者对象中用损害值去减生命值。自定义事件不需要接收器，如果没有侦听器来处理它们，也不会导致错误。

8.7.2　动画事件

　　当达到动画中的某个时间点时，可以使用动画事件来触发 Bolt 图。首先，选择一个带有机器和动画器（Animator）的对象。然后，从动画窗口添加一个动画事件，如图 8-33 所示。

图 8-33　从动画窗口添加一个动画事件

　　选中事件后，从检查器中选择 TriggerAnimationEvent 作为函数，如图 8-34 所示。

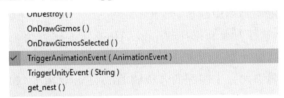

图 8-34　从检查器中选择 TriggerAnimationEvent 作为函数

　　可以使用检查器中的任何参数，如图 8-35 所示。

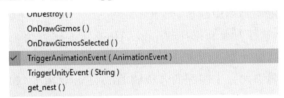

图 8-35　可以使用检查器中的任何参数

然后,在流图中添加一个 Animation Event 单元(在模糊查找器的 Events → Animation 下)。有两种类型可供选择:全局动画事件和名称动画事件,如图 8-36 所示。

它们之间的区别是:第一个将侦听对象上的所有动画事件并返回字符串参数;第二个只会触发的是字符串参数等于指定的名称输入的事件。

图 8-36 全局动画事件和名称动画事件

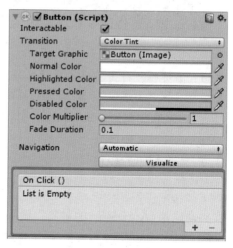

图 8-37 Unity 检查器中的 Unity 事件

8.7.3 Unity 事件

可以使用 Unity 事件来触发从检查器中设置的事件。这些功能在 GUI 组件(如按钮)中很常见,但也可以在定制脚本中创建,如图 8-37 所示。

可以通过使用机器选择对象和选择 Trigger Unity Event 方法来配置该事件,如图 8-38 所示。在字符串字段中,输入要在图中侦听的事件名称。

然后,在图中只需要添加一个匹配的名称的 UnityEvent 单元,如图 8-39 所示。

图 8-38 选择 Trigger Unity Event 方法来
配置事件

图 8-39 一个匹配的名称的
UnityEvent 单元

Unity 事件不支持其他附加参数。

8.8　Bolt 变量

　　Bolt 有 5 种级别的变量,有 3 个单元用于变量的处理。这 3 个单元分别是:Get(获取),以检索变量的值;Set(设置),为变量赋新值以及 Is Defined(检查变量是否定义)。它们都可以在模糊查找器的 Variables 类别下找到,如图 8-40 所示。

　　可以很容易地在图中找到变量单元,因为它们是蓝绿色的。对于 Get、Set 单元,需要记住的一件重要事情是变量不是静态类型的,这意味着它们的类型可以在运行时更改。这就是为什么它们的类型显示为 Object,即使是已经从变量视图中定义了它们。

　　获取变量单元需要变量的名称作为输入,并将值作为输出返回。获取变量单元的例子如图 8-41 所示。

　　设置变量单元需要变量的名称和将其赋值为输入的新值,如图 8-42 所示。为了便于布图,它输出与输入

图 8-40　模糊查找器的 Variables 类别下的变量单元

相同的值。请注意,必须连接控制输入端口,以指示变量应在何时分配,还可以选择连接控制输出端口,以指示之后要做什么。如果一个具有该名称的变量还不存在,则使用 set 节点将创建它。

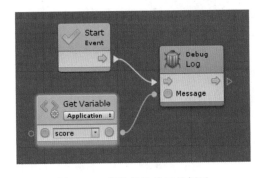

图 8-41　获取变量单元的例子

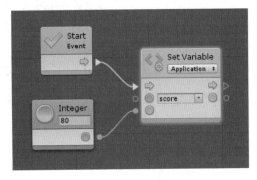

图 8-42　设置变量单元

　　Is Defined 单元需要变量的名称作为输入,返回定义了布尔值的输出,如图 8-43 所示。它们对于检查是否创建了变量非常有用,并且通常在没有创建变量时提供默认值。

　　通过检查图检查器中 Get 变量单元的失效框,可以更容易地完成相同的工作,将向单元添加失效输入,如果没有定义变量,则将返回该定义,如图 8-44 所示。

　　因为变量的名称是一个标准值输入端口,所以可以将它连接到任何返回字符串的其他端口。这意味着可以引用“动态变量”,即在游戏的播放模式中引用可能改变的变量。

　　对象变量单元需要对象源的额外输入。该端口指示在哪个游戏对象上定义了所引用的

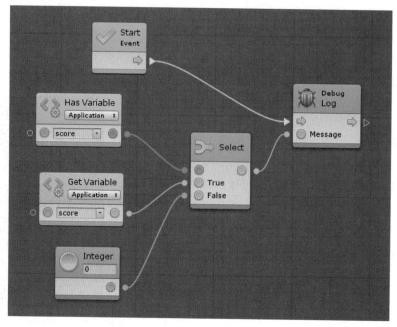

图 8-43　Is Defined 单元

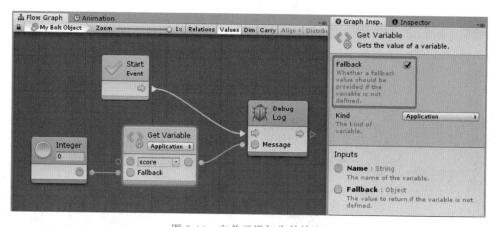

图 8-44　向单元添加失效输入

变量。当保持默认值时,它们将引用当前对象(Self)。例如,该单元获取 player2 对象上的 health 变量的值,如图 8-45 所示。

图 8-45　获取 player2 对象上的
health 变量的值

可以使用类型和变量名的下拉菜单快速配置变量单元。名称是上下文相关的,它们基于现有的此类变量和当前图中的其他变量单元。

可以从变量视图直接将项拖动到图中,以创建匹配的单元,如图 8-46 所示。默认情况下,将创建一个 Get 单元。如果按住 Alt 键,将创建一个 Set 单元。如果按住 Shift 键,将创建一个 Is Defined 单元。

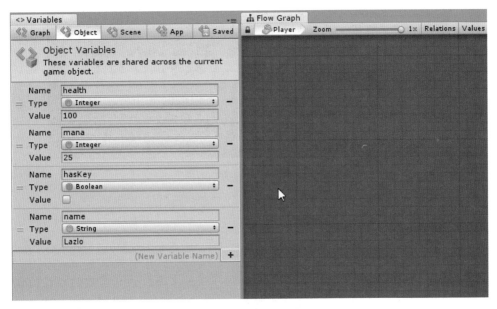

图 8-46　变量视图

8.9　Null 值

在 Nulls 类别中,含有一些处理 Null 值的单元。Null 表示"什么都没有"。Null 节点总是返回 Null 作为值,一般情况下不会经常需要它,因为将 Unity 对象引用字段留空(None)已经意味着 Null。

Null 检查是与 Null 进行相等比较的分支的快捷方式。根据值是否为空,在不同的方向上控制流的执行。例如,可以使用它来处理不同的情况,检查变换(Transform)在层次结构(Hierarchy)视图中是否有父元素,如图 8-47 所示。

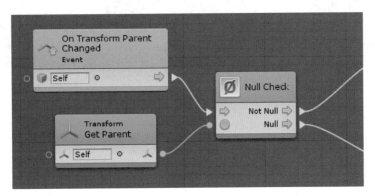

图 8-47　Null 检查的例子

Null 回退单元允许在原始输入为 Null 时提供一个回退值。例如,Null 回退单元定义了一个默认的备用音频剪辑,以防音频源上的丢失,如图 8-48 所示。

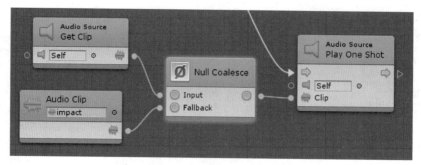

图 8-48　Null 回退单元的例子

8.10　公式单元

公式(Formula)单元是一个强大的单元,它允许通过文本公式和参数列表直接评估逻辑和数学表达式。目前,由于二叉树遍历开销(尽管尝试了缓存),使用公式单元明显比单独使用运算符单元慢。最好避免在每帧都使用这个单元。默认的公式单元如图 8-49 所示。

顶部的第一个文本字段是公式本身。第二个文本字段是参数的数量。默认设置为 2,输入是 A 和 B。公式最多可以有 10 个参数,这些参数总是按字母顺序排列的。如果存在更多的参数,它们会被称为 B、C、D、E 等。例如,这个公式返回一个布尔值,指示从游戏开始到当前时刻是否经历了 10s 并且对象的名称是否为 Player,如图 8-50 所示。

图 8-49　公式单元

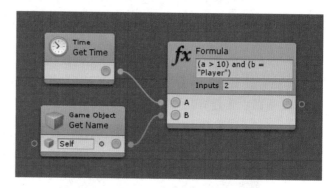

图 8-50　公式的例子

还可以在公式中直接使用变量名。例如,如果有一个名为 health 的图形变量,只需输入公式 health>50 就可以返回一个布尔值。参数的计算优先顺序如下所述。

(1) 字母参数名(a~z)。

(2) 图的变量名。

(3) 对象变量名。

(4) 场景的变量名。

(5) 应用程序变量名。

(6) 保存的变量名。

可以使用[arg.prop]符号来检索参数或变量上的属性值。例如,如果 position 是一个 Vector3 对象变量,则可以用 [position. x] ＝ 0 检查它是否等于 0。还可以使用[arg. Method()]获得无参数方法的返回值。注意,访问属性和方法并不能保证与 AOT 平台兼容,因为 AOT 预编译不能为仅通过名称访问的成员生成存根。

可以使用表 8-2 所示的字面值。

表 8-2　各种字面值类型列表

字 面 值	描 述	例 子
数值	整数或者浮点数	3.5
字符串	双引号之间的一段文字	"Hello World!"
布尔值	布尔值	True,False
Null	Null 常数	a!＝Null
帧之间的时间差	Unity 帧之间时间差	30 * dt
反转时间	时间的倒数	30/second

可以在公式中使用所有常见的逻辑运算符和数学运算符,甚至可以在脚本中使用通过自定义运算符重载定义的运算符,如表 8-3 所示。

表 8-3　各种运算符列表

运算符	运算	级别	功 能	例 子
not,!	逻辑反	一元	运算数的相反	not true
—	数值负	一元	运算数的负数	−5
and,&.&	逻辑与	二元	如果两个运算数都为真,则为真	(a<5)and(b>3)
or,||	逻辑或	二元	如果任一运算数为真,则为真	(a<5)or(b>3)
＝	相等	二元	如果两个运算数相等,则为真	a＝b
!＝,<>	不相等	二元	如果两个运算数不相等为真	a!＝b
<,<＝,>,→＝	数值比较	二元	数值比较的结果	a>＝10
＋	加法	二元	两个运算数的和	a＋5
—	减法	二元	两个运算数之间的差值	b−3
*	乘法	二元	两个运算数的乘积	12 * a
/	除法	二元	两个运算数的商	b/2
%	取模	二元	两个运算数除法的剩余部分	a%2
?:	假设	三元	如果条件为真,则为左运算数,否则为右运算数	(health>0)?"Alive" : "Dead"

Bolt 还支持所有常见的位运算符,如～和＞＞。

还可以在公式单元中使用表 8-4 中的任意函数。

表 8-4　常用函数列表

名 称	功 能	例 子
abs	指定数字的绝对值	abs(−1)
acos	指定的数的反余弦	acos(1)
asin	指定的数的反正弦	asin(0)

名　称	功　能	例　子
atan	指定的数的反正切	atan(0)
ceiling	大于或等于指定数字的最小整数	ceiling(1.5)
cos	指定角度的余弦	cos(0)
exp	e 的特定次方	exp(0)
floor	小于或等于指定数字的最大整数	floor(1.5)
log	指定数字的对数	log(1,10)
log10	以 10 为底的对数值	log10(1)
max	两个数字中较大的一个	max(1,2)
min	两个数字中较小的一个	min(1,2)
pow	某数的几次幂	pow(3,2)
round	将一个值四舍五入到最近的整数或指定的小数位数	round(3.222,2)
sign	如果数字为正则为1,如果为负则为−1	sign(−10)
sin	指定角度的正弦值	sin(0)
sqrt	指定数字的平方根	sqrt(4)
tan	指定角度的正切	tan(0)
truncate	数字的整数部分	truncate(1.7)
v2	创建一个二维矢量	v2(0,0)
v3	创建一个三维矢量	v3(0,0,0)
v4	创建一个四维矢量	v4(0,0,0,0)

第9章
设计一个二维平台游戏

本章将讨论使用 Unity 和 Bolt 创建一个简单的二维平台游戏。本章将涵盖项目设置、设置角色控制器、设置尖刺与玩家死亡、处理游戏关卡变化、设计抬头显示(HUD)、设置门和钥匙逻辑、处理玩家的生命值和伤害、设计具有简单智能的敌人、设置玩家的攻击、处理暂停菜单以及设置游戏主菜单等内容。完成后,游戏的界面如图 9-1 所示。

图 9-1　完成后的游戏界面

为了立即使用 Bolt,本章暂时不考虑场景搭建等其他议题,本书提供一个包含所有精灵、场景和预制件的项目包,唯一需要添加的就是游戏逻辑。游戏中的所有精灵和资产都是从 Kenney 资产中下载的,并且在 CC 1.0 许可下可以免费获得和重新发布。

　　提示：本章内容假设读者具有基本的 Unity 知识，并不会涉及与 Bolt 无关的内容，例如动画、预制件、2D 渲染等。

9.1　项目设置

视频讲解

　　利用本书提供的压缩文件，该压缩文件包含了含所有资产、场景和设置的 Unity 项目。解压后放在硬盘的任意文件夹中，然后用 Unity 2017 以上的版本打开该项目。

　　在 Unity 编辑器的菜单栏中选择 Window→Asset Store 命令并且搜索 Bolt，或从 Ludiq 网站下载相应的版本进行安装，具体操作请参阅第 1 章相关内容。

　　打开位于文件夹 Scenes 中的名为 Level1 的第一个关卡的场景，如图 9-2 所示。

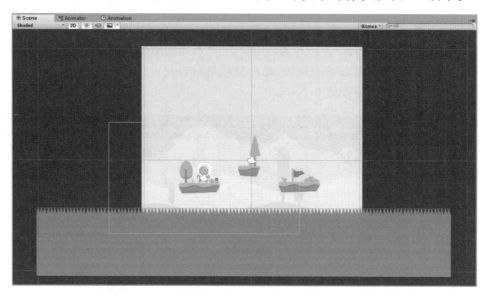

图 9-2　第一个关卡场景

　　可以打开所有的 Bolt 窗口并且设置一个舒适的工作布局。当然，这部分是因人而异的。从 Unity 编辑器的 Window 菜单中打开 Variables、Graph Inspector 和 Graph 视图，如图 9-3 所示。

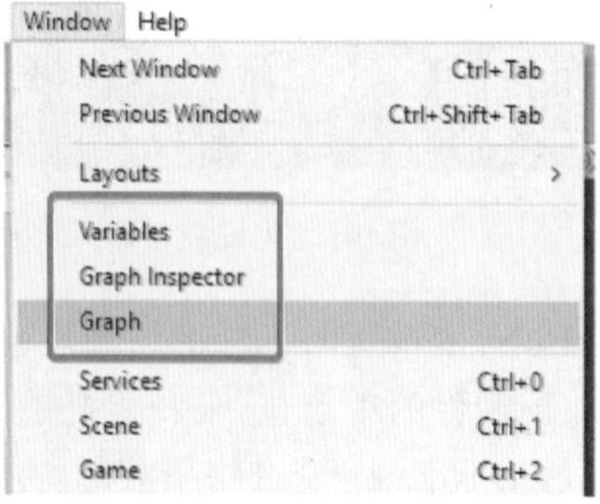

图 9-3　在 Window 菜单中打开 Variables、Graph Inspector 和 Graph 视图

如果只有一个显示器,请用本书推荐的布局,如图9-4所示。在 Windows 上,可以将任务栏移动到屏幕的一侧,以获得更多的垂直空间。

图 9-4 推荐的窗口布局

如果有双显示器,建议第二个显示器完全用于 Bolt 的图形编辑,如图9-5所示。

图 9-5 第二个显示器完全用于 Bolt 的图形编辑

9.2 玩家角色控制器

此控制器将处理玩家角色的左右移动、玩家的跳跃动作,并在跳跃时播放相应的跳跃动画。在开始这一部分之前,请务必熟悉本书中相应的关于图、机器和宏的概念,以便理解后面的内容。

对于玩家的角色控制器,这里将构造一个流机器。选择层次结构(Hierarchy)视图中的Player对象,并且在对象检查器(Inspector)视图中单击 Add Component,通过上下文菜单选择 Bolt→Flow Machine 命令,如图 9-6 所示。

在该机器组件上为玩家的流机器创建一个新的宏,如图 9-7 所示。

图 9-6　增加一个流机器

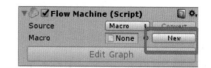

图 9-7　为玩家的流机器创建一个新的宏

在 Macros 目录中保存宏为 PlayerController,如图 9-8 所示。流机器组件如图 9-9 所示。

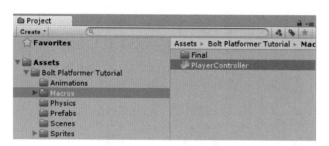

图 9-8　在 Macros 目录中保存宏为 PlayerController

图 9-9　流机器组件

图窗口现在应该显示一个默认的含有 Start 和 Update 事件的图,如图 9-10 所示。

现在机器已经创建好了,将这些变化应用到玩家预制件[①],如图 9-11 所示。

---

① 在 Unity 2019 版本中,Apply 按钮变成了 Overrides 按钮,需要单击 Overrides 按钮,才能看到 Apply All 按钮。

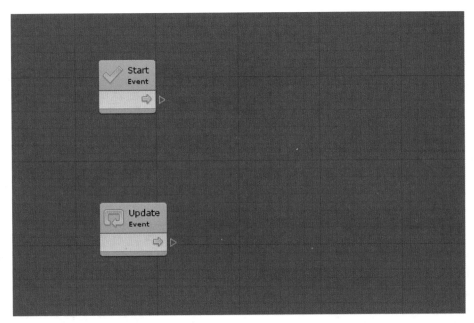

图 9-10 默认的含有 Start 和 Update 事件的图

图 9-11 将变化应用到玩家预制件

在本书中,将经常重复这个过程创建不同的宏。

9.2.1 计算玩家的移动

在 Unity 中的水平输入轴可以决定玩家角色向左或向右移动。水平输入轴是预先配置好的 Unity 输入快捷方式,它一般表示键盘上的 A 和 D,或控制器上的左右方向操纵杆。输入向左,返回 $-1\sim0$ 的数(不含 0);输入向右,返回 $0\sim1$ 的数(不含 0)。移动的速度将由一个速度变量控制。如果不熟悉 Unity 输入的配置,可以在 Unity 编辑器的菜单栏中选择 Edit→Project Settings→Input 命令编辑可用的输入轴和按键配置面板,如图 9-12 所示。

视频讲解

可以在玩家(Player)游戏对象上创建速度变量,如图 9-13 所示。具体步骤如下所述。

(1) 选择 Player 游戏对象。

(2) 切换到变量视图中的 Object 选项卡。

(3) 添加一个名为 Speed 的新变量。

(4) 将其类型设置为 Float。

(5) 赋值为 5。

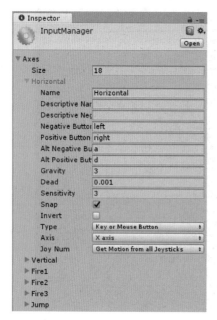

图 9-12　Unity 输入配置

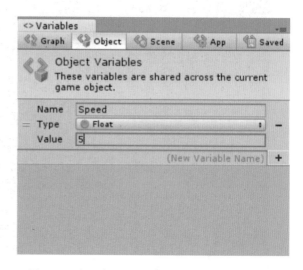

图 9-13　在玩家(Player)游戏对象上创建速度变量

有关变量的更多信息,请参阅第 2 章变量部分。然后,可以用 Get Axis 单元来得到水平输入轴。

(1) 在图视图窗口中右击任意空的区域,选择快捷菜单中的 Add Unit,在模糊查找器中导航到 Codebase→Unity Engine→Input→Get Axis,将单元添加到图中。

(2) 在 Get Axis 单元的 Axis Name 字段中输入 Horizontal,如图 9-14 所示。

同样可以通过模糊查找器寻找 Get Axis 单元,如图 9-15 所示。

注意到新建立的单元变暗了。这是因为

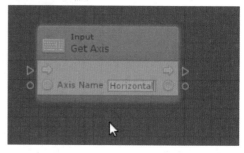

图 9-14　在 Get Axis 单元的 Axis Name 字段中输入 Horizontal

还没有在任何地方使用它的值,因此 Bolt 通过将其变暗警告说明该单元目前是无用的。可以通过切换工具栏中的 Dim 开关把它变亮。接下来,需要将这个值与 speed 对象变量相乘,可以使用 Bolt 的快捷菜单来简化这个过程,如图 9-16 所示。通过如下步骤完成把横向输入的值与 Speed 对象变量相乘。

(1) 将 Get Axis 单元的值输出端口拖动到图中的空白区域中。

(2) 在模糊查找器中选择 Multiply。

(3) 将 Multiply 单元的第二个端口拖动到图中的空白区域。

(4) 在模糊查找器中选择 Variables→Get Object Variable 命令。

(5) 输入 Speed 作为变量名。

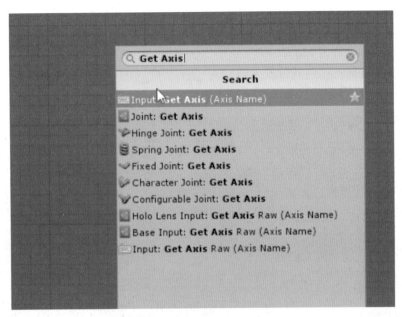

图 9-15　通过模糊查找器寻找 Get Axis 单元

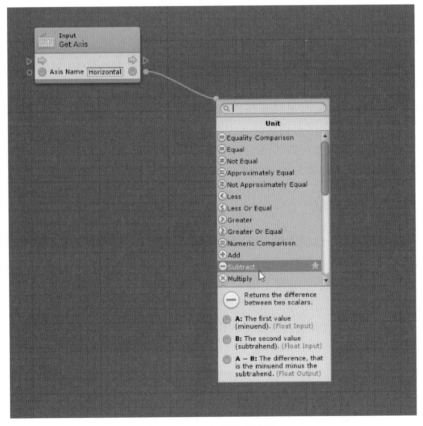

图 9-16　Bolt 的快捷菜单

完成最终的玩家的移动计算,如图 9-17 所示。具体步骤如下:

(1) 增加一组图形变量(Set Graph Variable)单元(在 Variables 下)。

(2) 将其名称设置为 Movement。

(3) 将乘法结果连接到其值输入端口。

(4) 将 Update 节点连接到其控制输入端口。

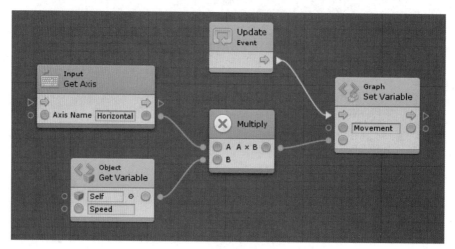

图 9-17　玩家的移动计算

这里总结一下,在每个帧更新(Update 事件)的时候,系统得到水平输入轴(-1~+1),把该输入的数值乘以速度(变成-5~+5),并将其存储在一个名为 Movement 的变量中。目前玩家角色还没有移动,但是现在已经知道它应该移动多少。注意,关于新 Movement 变量需要知道:这里没有像玩家的速度那样预先创建变量,因为不需要给它一个默认值。Bolt支持动态变量,这意味着可以在播放模式中动态创建新的变量,就像刚才所做的那样,只需为它们分配一个值。这里使用图级变量而不是对象级变量,因为玩家游戏对象仅仅需要图形内部的移动数值,而不需要与外部共享该移动数值。

9.2.2　移动玩家

项目中的玩家预制件已经附加了一个刚体 2D(二维)组件,要做的就是告诉玩家以什么速度移动,而这个数值在 9.2.1 节就算出来了。二维刚体上的速度是一个二维矢量:水平速度为 X 分量,垂直速度为 Y 分量。因为只想影响水平速度,必须保持垂直速度不变,移动玩家角色的流图如图 9-18 所示。

图 9-18 中各个单元在模糊查找器中的位置如下所述。

- Get Variable 位于 Variables 之下。
- Get Velocity 和 Set Velocity 位于 Codebase→Unity Engine→Rigidbody 2D 之下。
- Get Y 和 Create Vector 2 位于 Codebase→Unity Engine→Vector 2 之下。

如果启用了 Dim,则所有这些单元都变暗。这是因为从未指定何时设置速度(设置速度节点上的第一个箭头端口)。可以把计算出运动的结果和设置刚体速度单元连接起来,如图 9-19 所示。

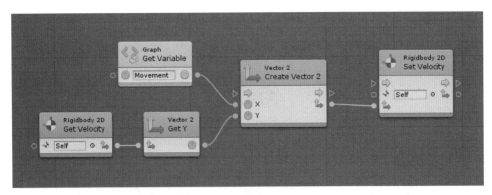

图 9-18 移动玩家角色的流图

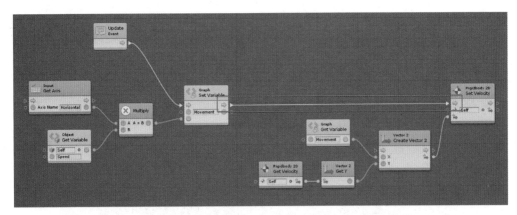

图 9-19 把计算出运动的结果和设置刚体速度单元连接起来

现在图变得更复杂了,这将是开始组织逻辑的好时机。左边用来计算运动,右边用来设置速度,如图 9-20 所示。通过按住 Ctrl 键和拖动鼠标,能够创建可以标记的组。

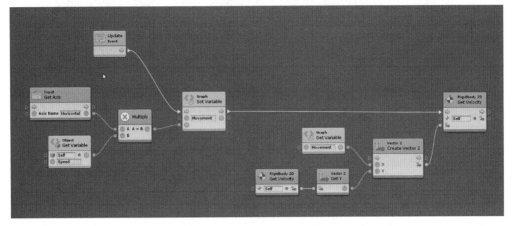

图 9-20 左边用来计算运动,右边用来设置速度

如果现在进入 Unity 编辑器的播放模式,应该可以用键盘或控制器移动玩家。如果让玩家在游戏模式下被选中,会看到图以动画的形式显示激活的活动节点和连接,如图 9-21 所示。

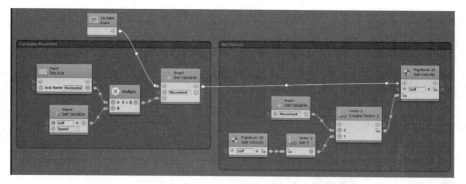

图 9-21 图以动画的形式显示激活的活动节点和连接

9.2.3 翻转方向

视频讲解

玩家角色需要根据玩家输入的方向决定自己形象的朝向。在图中添加一些新单元,使玩家的面部始终朝向运动方向。为此,只需要改变玩家游戏对象在 X 轴上的比例。向右移动(Movement>0)时,比例应该是+1,因为动画精灵本来已经就是朝右的。在向左(Movement<0)时,比例应该是-1,所以精灵会被翻转到左边。当不移动(Movement=0)时,比例不应该改变,所以玩家停留在最后一个移动的方向。比例的 Y 轴和 Z 轴应该保持在1,翻转方向流图如图 9-22 所示。

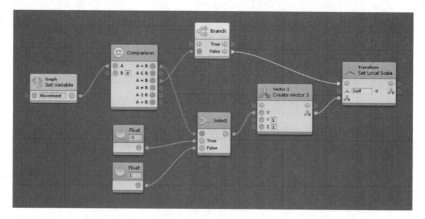

图 9-22 翻转方向流图

图 9-22 中各个单元在模糊查找器中的位置如下:
- Set Local Scale 位于 Codebase→Unity Engine→Transform 之下。
- Create Vector 3 位于 Codebase→Unity Engine →Vector 3 之下。
- Branch 和 Select 位于 Control 之下。
- Comparison 位于 Logic 之下。

如果从选择节点拖动,Float literals(浮点字面值)将在根选项出现。然后,将分支节点的控制输入连接到左边上一个 Set Velocity 节点的控制输出,并添加一个 Flip 组来保持流图的整洁,如图 9-23 所示。

如果进入 Unity 编辑器的播放模式,会看到玩家角色在按 A 键或者左方向键时发生了翻转。

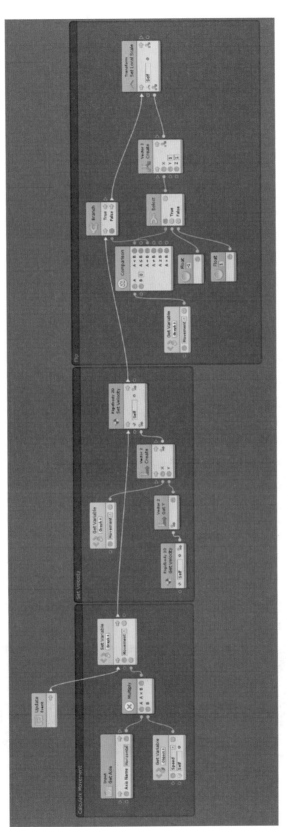

图 9-23　添加一个 Flip 组保持流图的整洁

9.2.4　播放动画

视频讲解

流图的最后一部分是播放相应的动画。玩家角色已经预置了一个 Unity 动画控制器，动画状态切换图，如图 9-24 所示。这个控制器有一个 Speed 参数，用来在 Idle 状态和 Walk 状态之间转换。

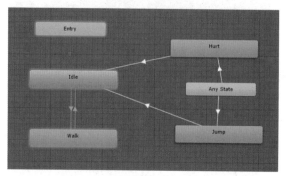

图 9-24　动画状态切换图

这里需要做的就是把移动速度传递给动画器。因为这里通过的是速度而不是方向来控制动画，所以在传送给动画器之前，需要让 Movement 变量永远是正的。这样，如果向左以 −5 的速度移动，经过绝对值转换后会告诉动画器 Speed 是 5，如图 9-25 所示。

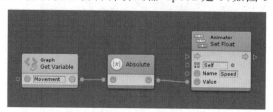

图 9-25　向左以 −5 的速度移动，经过转换后会告诉动画器 Speed 是 5

图 9-25 中各个单元在模糊查找器中的位置如下所述。

- Set Float 位于 Codebase→Unity Engine→Animator 之下。
- Absolute 位于 Math→Scalar 之下。

要将图的这一部分与移动代码连接起来，需要添加两个连接，如图 9-26 所示。

（1）连接到移动检查的真值端口，以跳过翻转玩家的精灵图形。

（2）连接到设置的本地缩放单元的控制输出端口，用于翻转玩家的精灵图形。

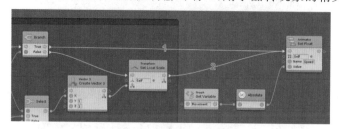

图 9-26　与移动代码连接

无论是否翻转玩家，仍然会更新动画。Bolt 支持将多个控制输出连接到单个控制输入。将最后一部分围成一个动画组，如图 9-27 所示。

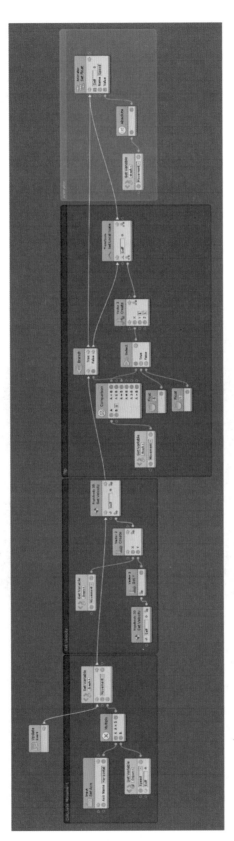

图 9-27　鸟瞰图

如果现在测试,动画将正常播放,玩家的移动代码也将正常工作。

9.2.5　跳跃

视频讲解

由于玩家角色是一个二维物理刚体,在 Unity 中实现跳跃就是给其增加一个向上垂直的冲力。首先,创建一个名为 Jump 的浮点对象变量,并将其值设置为 12,如图 9-28 所示。

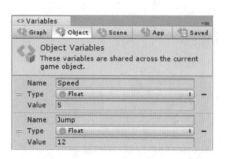

图 9-28　创建一个名为 Jump 的浮点对象变量

然后,添加一个新的用于跳跃的单元组,包含并且连接以下单元,如图 9-29 所示。

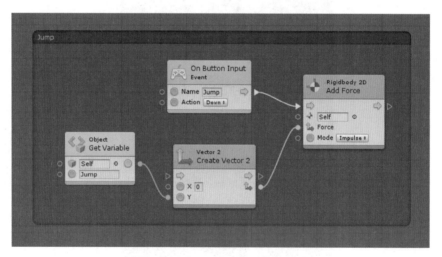

图 9-29　新的用于跳跃的单元组

图 9-28 中各个单元在模糊查找器中的位置如下所述。

- On Button Input 位于 Events→Input 之下。
- Add Force 位于 Codebase→Rigidbody 2D→Add Force 之下。

与之前使用的横向移动输入一样,跳跃在项目中有默认统一输入,一般是映射到键盘上的空格。如果现在测试游戏,玩家角色在按空格键时将能跳跃。

9.2.6　检查是否接触地面

目前的跳跃逻辑有两个问题:①当玩家角色在空中跳跃时,其跳跃动画不会显示;②玩家角色可以在空中再次跳跃。为了解决再次跳跃的问

视频讲解

题,需要创建一个玩家角色是否接触地面检查,如果不接触地面则不能进行跳跃。检测是否接触地面,可以从玩家角色的腹部向地面发射一束射线(Raycast)检查是否击中了距离较近的平台(Platform),如图 9-30 所示。如果击中,就意味着玩家角色在地面上;否则,玩家角色就在空中。

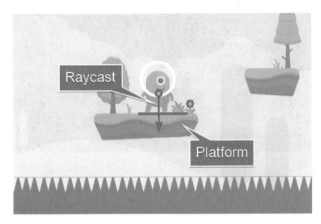

图 9-30 发射一束光线检查是否击中了距离较近的平台

为了使 Raycast 更加可靠,这里将使用所谓的圆形 Cast。它基本上和射线投射是一样的,只是给射线设置一个更粗的宽度(半径)。这个单元叫作 Circle Cast,在模糊查找器的 Codebase→Unity Engine→Physics 2D 之下,如图 9-31 所示。

图 9-31 Circle Cast 单元

该单元有许多变体,在本章例子中使用图 9-31 所示的版本,其参数具体如下所述。
- Origin:圆的圆心,在本例中是玩家角色的位置。
- Radius:圆的半径,设置为 0.3 个单位,以提高可靠性。
- Direction:在例子中,为向下(Y 轴上的负方向)的方向。
- Distance:在投射检查停止之前投射多远,设置为 1.1 个单位。
- Layer Mask:它应该在哪一层检查是否有碰撞,这里设置为 Platforms 层,因为本例中平台都位于 Platforms 层。

一旦设置好,圆投射检查的设置如图 9-32 所示。

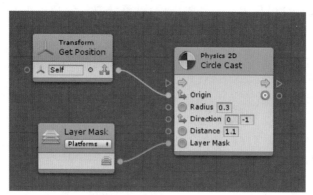

图 9-32　圆投射检查的设置

要获得层蒙版下拉菜单,在模糊查找器中搜 Layer Mask 并选择 Layer Mask Literal 即可。图 9-32 可以理解为"从玩家的位置向下射出一条厚度为 0.3 单位的射线,检查它是否击中了 1.1 单位的平台层上的一个物体"。接下来,需要根据击中的结果进行分析,拖动 target 输出端口,在模糊查找器中右击,在弹出的快捷菜单中选择 Raycast Hit 2D→Expose Raycast Hit 2D 命令,这将暴露 Raycast 命中结果中的所有项。为了检查射线是否真的到达了一个平台,只需要检查 Collider 是否等于 Null(None)。如果是 Null,则表示没有撞到一个平台,玩家角色还在空中;如果不是 Null,则在角色脚下有一个平台,玩家角色就会被限制在地面,如图 9-33 所示。

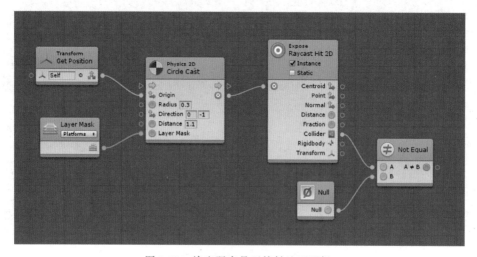

图 9-33　检查玩家是否接触地面逻辑

图 9-33 中相应单元在模糊查找器中的位置如下所述。

- Not Equal 位于 Logic 之下。
- Null 位于 Null 之下。

然后可以使用地面检查结果来限制玩家在未接触地面时不进行跳跃,如图 9-34 所示。

现在,玩家角色不会在离开地面以后,按空格键出现双重跳的情况了。当玩家角色跳跃在空中的时候,也需要播放相应的跳跃动画。动画控制器已经配置为接收一个 Grounded

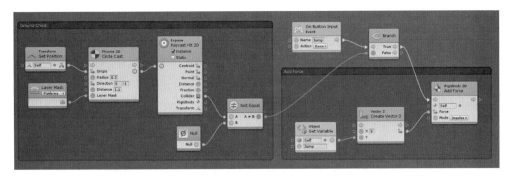

图 9-34 限制玩家在未接触地面时不进行跳跃

布尔参数,当该参数为真时,播放相应的跳跃动画。现在需要做的唯一的一件事就是给它赋值。要做到这一点,复制、粘贴地面检查代码在上一个动画器部分的末尾,并新增一个动画器的 Set Bool 单元,把地面碰撞检查的结果连接到该单元,如图 9-35 所示。

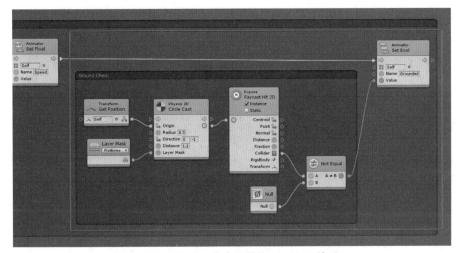

图 9-35 新增一个动画器的 Set Bool 单元

如果现在测试游戏,在玩家跳跃时候应该出现对应的跳跃动画。

9.2.7 用超级单元重用地面检查逻辑

编写程序时,有一个非常重要的 DRY 原则,即不要重复自己(Don't Repeat Yourself)。在 9.2.6 节中,改变跳跃动画的逻辑却打破了这个原则,复制和粘贴了两次流图的同一部分。现在,如果想要调整地面检查代码,每次都

视频讲解

必须改变两个地方。目前看来还不算太糟,但是如果游戏中的敌人也要进行多次地面检查呢?这样每次进行更改时,都需要在三四个甚至更多的地方更新图,这就变得麻烦了。幸运的是,Bolt 提供了一种机制,可以在不同的地方重用相同的图,这种机制被称为超级单元(Super Unit)。这里将使用超级单元把地面检查逻辑变成一个单一的单元,该单元具有双跳预防机制和播放跳跃动画的功能且能无限次重用。首先,在 Unity 编辑器的菜单栏中选择 Assets→Create→Bolt→Flow Macro 命令,如图 9-36 所示。

创建名为 GroundCheck 的宏,如图 9-37 所示。

图 9-36　Unity 菜单项 Flow Macro

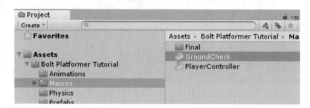

图 9-37　创建名为 GroundCheck 的宏

然后，从玩家角色的流图中复制对应的地面检查逻辑，粘贴到 GroundCheck 宏中，如图 9-38 所示。

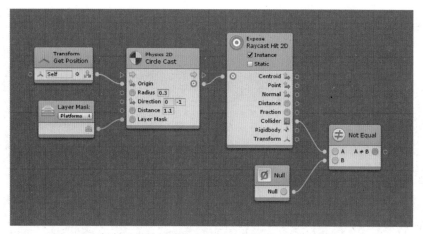

图 9-38　复制对应的地面检查逻辑并粘贴到 GroundCheck 宏中

回到玩家角色的流图，删除地面检查相关部分，接着将新的 GroundCheck 宏从资产窗口拖动到图中跳跃的部分的附近，它应该以单个超级单元的形式出现，如图 9-39 所示。

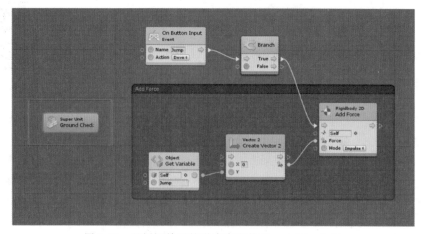

图 9-39　以超级单元的形式出现的 GroundCheck 宏

这里有个问题,即地面检查的结果输出在哪里?如何将它连接到 Branch 单元?地面检查的结果之所以不可见,是因为还没有在 GroundCheck 宏中创建一个输出单元。在玩家角色流图中,只需双击地面检查超级单元就可以打开它的完整图。利用工具栏中的面包屑可以轻松地在嵌套图中导航,如图 9-40 所示。

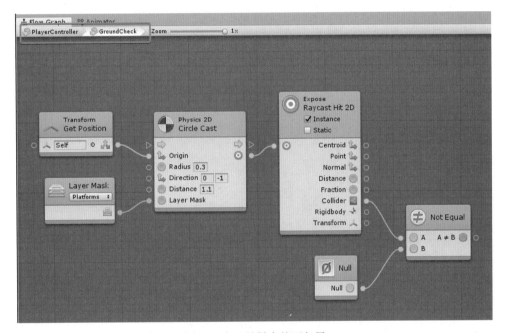

图 9-40 工具栏中的面包屑

接下来,添加位于模糊查找器的 Nesting 下的 Output 单元,并选择该单元以显示其图形检查器,如图 9-41 所示。

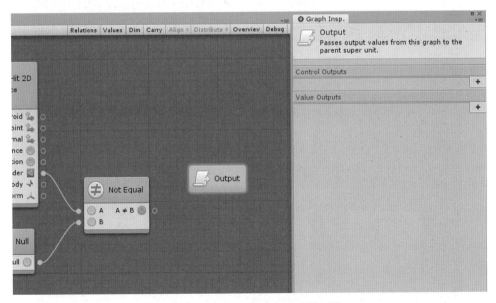

图 9-41 Output 单元的图形检查器

为地面检查的结果添加一个输出值。将其键(Key)设置为 grounded,将其类型(Type)设置为 Boolean。同时也可以给它一个标签(Label)和摘要(Summary),用于向图检查器添加文档。最后,将新的 Grounded 端口与是否碰撞地面检测结果连接起来,如图 9-42 所示。

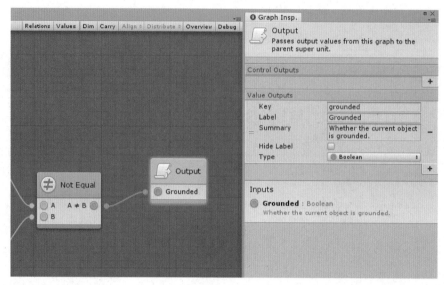

图 9-42　新的 Grounded 端口

使用工具栏中的面包屑导航回玩家流图。将看到有一个 Grounded 输出端口的超级单元,用它的 Grounded 输出连接双跳跃预防逻辑部分,如图 9-43 所示。

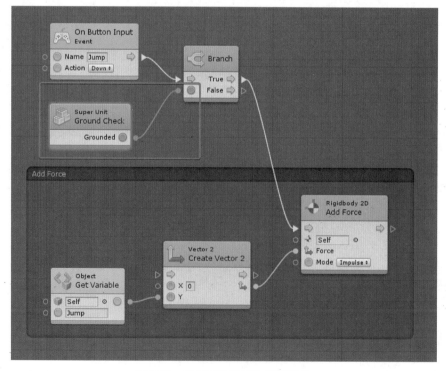

图 9-43　连接双跳跃预防逻辑部分

可以把超级单元的 Grounded 端口连接到播放跳跃动画逻辑部分,如图 9-44 所示。

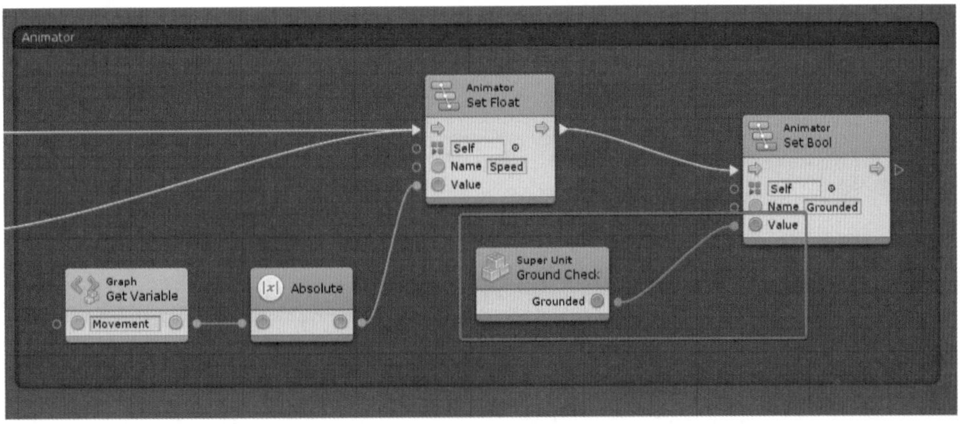

图 9-44　连接播放跳跃动画逻辑部分

如果现在就开始进入 Unity 编辑器的播放模式,什么都不会改变。但流图现在更干净,更容易维护。最后,将更改应用到预制件中,这样创建的 Speed 和 Jump 等对象变量就会自动添加到其他场景中的其他玩家预制件实例中。

本节讨论了主角控制器创建。在这部分讨论了如何创建机器和宏、如何创建和处理变量、如何添加单元和连接、如何使用超级单元重用逻辑以及如何处理输入、动画、2D 物理和 Raycast。

9.3　尖刺和死亡

视频讲解

在本节中,要实现当玩家角色触碰到关卡底部的尖刺时玩家角色就会死亡的逻辑,因此这里添加一个死亡机制,如图 9-45 所示。本例中的机制非常简单:一旦玩家角色接触到尖刺,关卡就会被重新加载。

在玩家角色控制器图中,添加一个 Death 组来处理死亡事件,如图 9-46 所示。

图 9-46 中相应单元在模糊查找器中的位置如下:

- Custom Event 位于 Events 之下。
- Get Active Scene 和 Load Scene 位于 Codebase → Unity Engine → Scene Management→Scene Manager 之下。
- Get Name 位于 Codebase→Unity Engine→Scene Management→Scene 之下。

建议通过在模糊查找器中模糊搜索单元名的方法来寻找单元,而不是浏览模糊查找器一级级地去寻找相应的单元。自定义事件允许监听任意名称的事件——在本例中将其设置为 Death。稍后,在尖刺的流图内将触发该事件。自定义事件也支持任意数量的参数,但在本例中不需要任何参数(稍后在创建生命值点和损害时将使用参数)。

下面构造触发碰撞尖刺后死亡的逻辑,尖刺的流图如图 9-47 所示。按照如下步骤为尖刺建立相应的流机器。

(1) 在场景视图中选择 Spike 对象。

图 9-45　关卡底部的尖刺

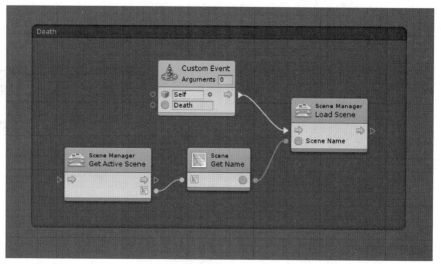

图 9-46　Death 组

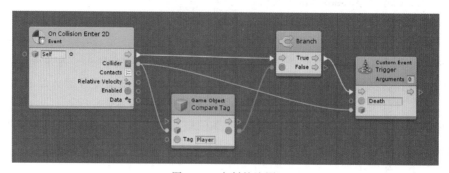

图 9-47　尖刺的流图

（2）为 Spike 对象添加一个流机器组件。

（3）为流机器创建一个名为 Spike 的宏。

（4）将这些更改应用于预制件。

（5）删除默认的 Start 和 Update 单元。

图 9-47 中相应单元在模糊查找器中的位置如下所述。

- On Collision Enter 2D 位于 Events 之下。
- Compare Tag 位于 Codebase→Unity Engine→Game Object 之下。
- Custom Event Trigger 位于 Events 之下。

现在回顾一下发生了什么：先监听 Spike 对象上的碰撞事件，当发生碰撞时，检查碰撞的对象是否被标记为 Player。如果是的话，把 Death 事件发送给那个游戏对象。而在玩家对象这边，监听 Death 事件，当收到该事件时，重新加载当前场景。如果现在测试游戏并让玩家在尖刺上摔倒，会看到关卡重新开始。

9.4　关卡切换

视频讲解　　　视频讲解

在这一部分中，当玩家角色到达一个关卡末尾的红旗时，将发生关卡的切换。为场景中的 Object 游戏对象建立相应的流机器，步骤如下所述。

（1）在场景视图中选择 Object 对象。

（2）为 Object 添加一个流机器组件。

（3）为流机器创建一个新的宏，名为 Objective。

（4）将这些更改应用于预制件。

（5）删除流图中默认的 Start 和 Update 单元。

可以通过碰撞检测来实现检测玩家何时到达红旗，就像刚刚在尖刺上实现的一样，如图 9-48 所示。

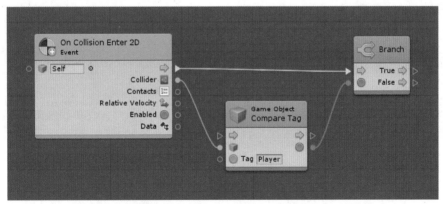

图 9-48　检测玩家何时到达红旗

这里将创建一个新的超级单元，用于检查与给定标记的对象的碰撞，并告诉是否与目标或其他对象发生了碰撞。具体步骤如下所述。

（1）将图9-48中的所有单元剪切并粘贴到名为OnCollisionWith的新宏中，并在流图中添加模糊查找器中Nesting下的输入和输出单元，如图9-49所示。

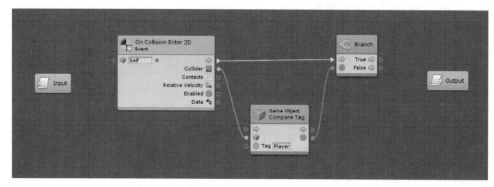

图9-49　在流图中添加模糊查找器中Nesting下的输入和输出单元

（2）在输入节点上，添加字符串类型的名为tag的键作为输入参数，如图9-50所示。确保选中了默认值选项，允许在超级单元中使用内联值。

（3）在输出节点上添加3个输出，如图9-51所示。其中，有两个控制输出：一个控制输出用于针对发生了与指定tag的游戏对象的碰撞的情况；另一个控制输出用于和其他对象发生碰撞，而碰撞的游戏对象作为值输出。

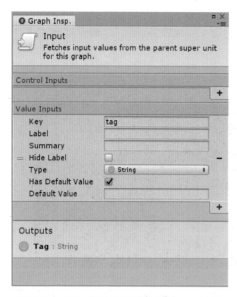

图9-50　添加字符串类型的名为tag的键
作为输入参数

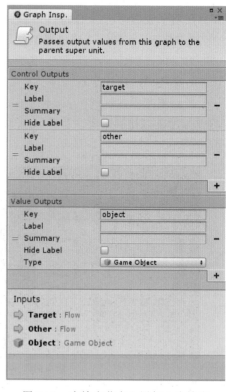

图9-51　在输出节点上添加3个输出

（4）将输入和输出单元上的端口连接到碰撞检查图中的匹配端口，如图 9-52 所示。

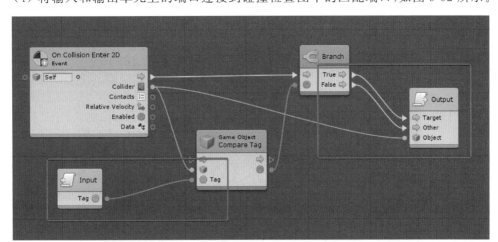

图 9-5　将输入和输出单元上的端口连接到碰撞检查图中的匹配端口

（5）回到 Object 的流图，现在可以简单地拖动新宏来创建一个超级单元，然后用 Player 填充 Tag 字段，如图 9-53 所示。

（6）用新的超级单元替换尖刺流图上的碰撞检测，流图变得整洁了，如图 9-54 所示。

图 9-53　拖动新宏来创建一个超级单元

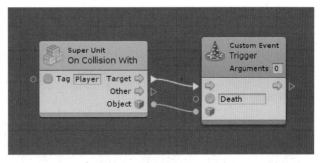

图 9-54　用新的超级单元替换尖刺流图上的碰撞检测

就此例而言，保持设计中的 DRY 准则似乎有点过头了，尤其是对于这样的简单逻辑。但重要的是要记住，随着游戏项目规模越来越大，越需要这样做，以保持一切容易维护。

目前有了一个可靠的、可重用的碰撞检测，只需要加载下一个场景就能完成关卡切换了。但是因为在所有关卡中使用相同的目标预置，所以需要一个变量来配置下一个场景的名称。这里为 Object 游戏对象添加一个名为 Scene 的字符串对象级变量，并将其赋值为 Level2，如图 9-55 所示。

然后，将这些变化应用到目标预制件，使它们都有一个场景变量。稍后，在其他关卡中，需要将该变量更改为下一个场景的名称。例如，在 Level2 中，选择目标对象，并将其 Scene 变量更

图 9-55　添加一个名为 Scene 的字符串对象级变量

改为 Level3。最后要加载关卡的话,只需将碰撞检测超级单元与加载场景单元连接,如图 9-56 所示。

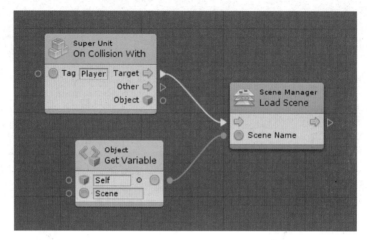

图 9-56　碰撞检测超级单元与加载场景单元连接

当玩家在主菜单时,要预防玩家未完成上一次关卡而跳到下一个关卡。为此,可以使用已保存的变量来记录玩家的游戏完成进度。这是 Bolt 的一个功能强大的内置存储级的变量保存系统,在存储级别保存的任何内容都会在计算机上持续存在,即使退出游戏。

每个解锁级别有一个对应的保存变量,是一个布尔值(True 或 False),指示该级别是否已通关解锁,它的名称将是 LevelX_Unlocked,X 代表每个关卡的数值。

当玩家达到目标时,下一关应该解锁。为了做到这一点,向 Object 流图中添加相应单元,如图 9-57 所示。

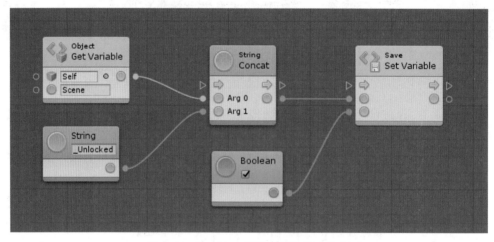

图 9-57　向 Object 流图中添加相应单元

Concat 位于模糊查找器中的 Codebase→System→String 之下。它接收传递给它的字符串参数并将它们连接在一起。在本例中,Concat 单元的输出将是 Level2_Unlocked,使用它作为保存的变量的名称。最后,用组把相关所有内容包括在内,如图 9-58 所示。

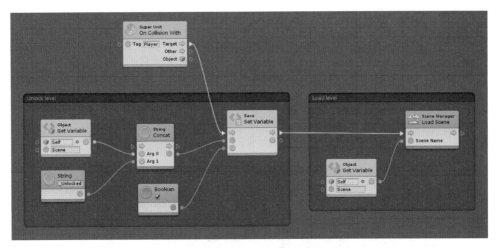

图 9-58　用组把相关所有内容包括在内

如果现在测试游戏,应该在玩家到达红旗后切换到第 2 级关卡,还应该看到在变量视图的保存选项卡中出现了一个新的 Level2_Unlocked 变量,如图 9-59 所示。

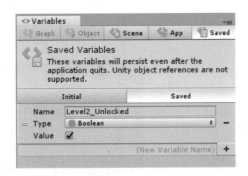

图 9-59　新的 Level2_Unlocked 变量

9.5　抬头显示

视频讲解

本节将在游戏视图上加载一个抬头显示(Head Up Display,HUD)。这个 HUD 稍后将负责显示玩家角色的健康状态、按键、能力升级和暂停菜单。这里使用 HUD 技术是在一个单独的场景中构建所有 HUD 信息,然后 HUD 信息在实际的游戏场景之上进行叠加,如图 9-60 所示。这比使用预制件有一些优势。

Unity 允许在 HUD 中使用预制件,Unity 允许为 GUI 元素使用嵌入图形和场景引用,这大大简化了 Bolt 的工作流程,HUD 已包含在 Scenes 目录下的 HUD 场景中。

这里暂时不实现暂停菜单的逻辑,所以暂时禁用它,这样它就不会在 Unity 编辑器中播放游戏时覆盖游戏内容。打开 HUD 场景,选择 PauseMenu 对象同时使其不活跃,如图 9-61 所示。

创建一个新的名叫 HudLoader 的宏,在其流图中只需要 Load Scene 单元,如图 9-62 所示。

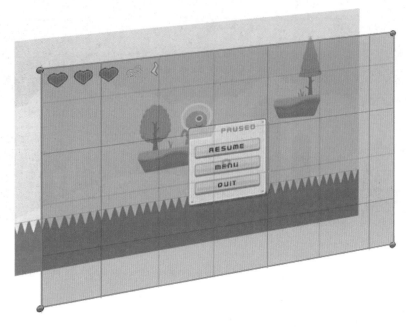

图 9-60　HUD 信息在实际的游戏场景之上进行叠加

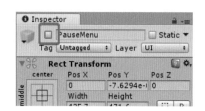

图 9-61　选择 PauseMenu 对象同时
　　　　使其不活跃

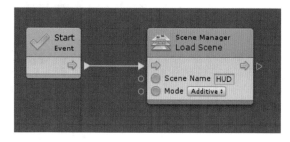

图 9-62　HudLoader 的宏的流图

　　这里使用重载的具有模式(Mode)参数的 Load Scene 加载场景并将模式(Mode)设置为叠加。这告诉 Unity 保持当前的场景,例如 Level1,但是在它上面叠加加载 HUD 场景。最后,将创建一个简单的预制件来运行这个加载器,具体步骤如下所述。

　　(1) 打开 Level1 场景。

　　(2) 在 Hierarchy 视图中创建一个名为 HudLoader 的空游戏对象。

　　(3) 为 HudLoader 游戏对象添加流机器组件。

　　(4) 将其宏设置为刚才创建的 HudLoader 宏。

　　(5) 将游戏对象拖动到 Prefabs 文件夹中,以创建预制件。

　　最后,HudLoader 的检查器如图 9-63 所示。

　　打开 Level2、Level3 和 Level4 场景文件,并将新的 HudLoader 预制件拖动到每个场景的 Hierarchy 视图中,如图 9-64 所示。

　　如果现在测试游戏,进入游戏模式时一排心形和图标会出现在左上角,如图 9-65 所示。

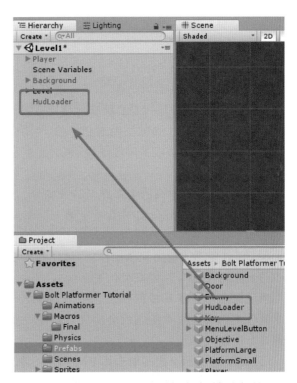

图 9-63 HudLoader 的检查器

图 9-64 把 HudLoader 预制件拖动到每个场景的 Hierarchy 视图中

图 9-65 进入游戏模式时一排心形和图标会出现在左上角

9.6　门和钥匙

在这一部分中,将在第 2 级关卡实现新的挑战:用钥匙打开一扇门。当玩家角色到达一扇门时,需要检查他是否有钥匙。为此,将在玩家游戏对象上增加一个 HasKey 布尔类型的变量,如图 9-66 所示。具体步骤如下:

（1）首先打开第 2 级关卡场景（已包含设置和预制件）。

（2）在 Hierarchy 视图中选择 Player 对象。

（3）添加一个新的布尔对象级变量 HasKey,默认值为 False。

（4）将这些更改应用到预制件中,这样其他场景中的玩家角色就可以共享这个变量。

当玩家角色与场景中的钥匙相撞时,HasKey 变量就会变为 True,而钥匙就会消失。具体设置步骤如下所述。

（1）在 Hierarchy 视图中选择 Key 游戏对象。

（2）为 Key 游戏对象添加一个新的流机器。

（3）为新的流机器创建一个名为 Key 的宏。

（4）将这些更改应用于预制件。

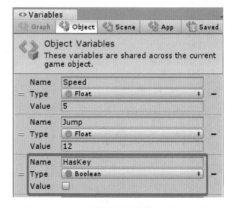

图 9-66　在玩家游戏对象上增加一个布尔变量

钥匙的流机器的流图非常简单,现在可以重用 On Collision With 超级单元宏,如图 9-67 所示。

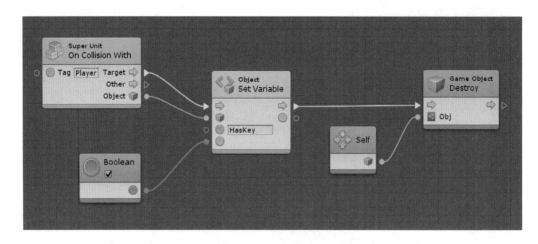

图 9-67　钥匙的流机器的流图

Destroy 单元位于模糊查找器中的 Codebase→Unity Engine→Game Object 之下。需要注意的是,与大多数函数不同,这个函数不会自动地将 Self 作为参数输入,这就是为什么必须显式地连接一个 Self 单元。门的流机器的具体设置步骤如下所述。

（1）在 Hierarchy 视图中选择 Door 游戏对象。

（2）为 Door 游戏对象添加一个新的流机器。

（3）为流机器创建一个新的名为 Door 的宏。

（4）将这些更改应用于预制件。

在门的流图中，将检查玩家角色上的 HasKey 变量，如图 9-68 所示。如果找到了钥匙，则会关闭门上的盒子碰撞器，并改变它的动画精灵使得门是打开的。如果缺少钥匙，则只需将消息输出到控制台进行调试。

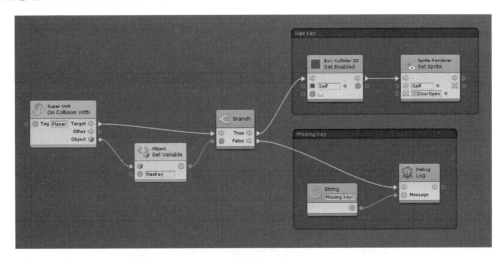

图 9-68　门的流图

图 9-68 中相应单元在模糊查找器中的位置如下所述。

- Set Enabled 位于 Codebase→Unity Engine→Box Collider 2D 之下。
- Set Sprite 位于 Codebase→Unity Engine→Sprite Renderer 之下。
- Log 位于 Codebase→Unity Engine→Debug 之下。

如果现在测试游戏，只有当玩家获取了钥匙以后门才会打开，如图 9-69 所示。

图 9-69　获取了钥匙以后门才会打开

本节要做的最后一件事是处理钥匙的 HUD 显示。当玩家拥有钥匙时，空的钥匙图标就会被填满。如果场景中没有钥匙，则应该隐藏钥匙图标。HUD 的钥匙图标的流机器的具体设置步骤如下所述。

（1）打开 HUD 场景文件。

（2）在 Hierarchy 视图中的 HUD→Row 下选择 Key 游戏对象。

（3）为 Key 游戏对象添加一个新的流机器。

（4）切换它的源为嵌入（Embed）。

这里将机器的源切换为 Embed，因为只会在 HUD 场景中使用一次这个图。换句话说，不需要创建可重用的宏，因为 HUD 不是预制件。

如果场景中不存在钥匙，就隐藏钥匙图标。如果没有带钥匙标记的游戏对象，就将游戏对象设置为非活动状态，如图 9-70 所示。

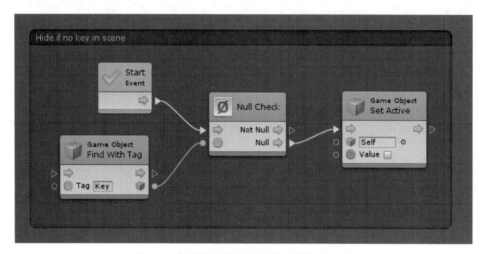

图 9-70　场景中不存在钥匙就隐藏钥匙图标

图 9-70 中相应单元在模糊查找器中的位置如下所述。

• Find With Tag 和 Set Active 位于 Codebase→Unity Engine→Game Object 之下。

• Null Check 位于 Null 之下。

要根据玩家角色是否拥有钥匙来更改精灵动画，如图 9-71 所示，需要检查玩家对象上的 HasKey 变量。

可以在资产文件夹 Sprites 下的 HUD 中找到 HudKeyFull 和 HudKeyEmpty 两个图形资源。

目前的图有一个小的性能问题：Find with Tag 单元的速度有点慢。如果只在 Start 事件启动时使用它一次，这不是问题，但是如果在每一帧都调用的 Update 中使用它的话，就会有性能上的问题。最好用更快的方式来找到玩家对象。具体解决办法如下所述。

（1）保存 HUD 场景。

（2）打开 PlayerController 宏的流图，在 PlayerController 宏的流图中添加相应的单元，如图 9-72 所示。

现在可以回到 HUD 场景中的钥匙流图，用 Get Application Variable 单元替换 Find With Tag 单元，如图 9-73 所示。

现在，如果测试游戏，应该看到钥匙的形象在 HUD 上的变化，如图 9-74 所示。

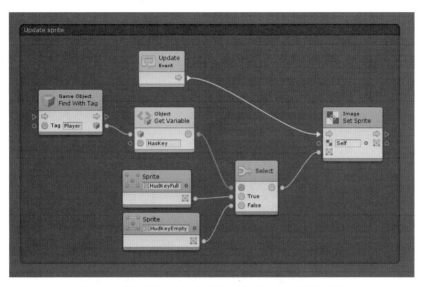

图 9-71　根据玩家角色是否拥有钥匙来更改精灵动画

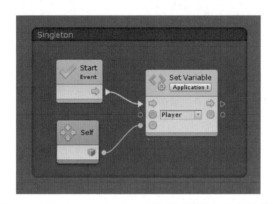

图 9-72　在 PlayerController 宏的流图中添加相应的单元

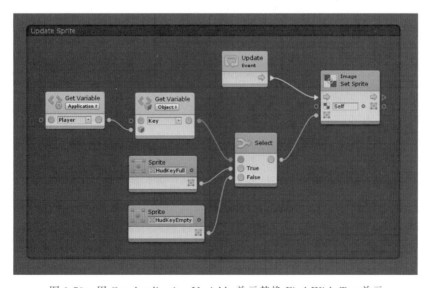

图 9-73　用 Get Application Variable 单元替换 Find With Tag 单元

图 9-74　钥匙的形象在 HUD 上的变化

9.7　生命值和伤害

在本节会增加玩家角色的生命值控制和伤害逻辑。在添加敌人的 AI 之前,不会完全测试该逻辑,但是在完成了敌人的 AI 逻辑后,可以重新审视本部分内容。给玩家角色添加生命值变量的具体设置步骤如下所述(参见图 9-75)。

（1）打开 Level1 场景文件。

（2）选择 Player 对象。

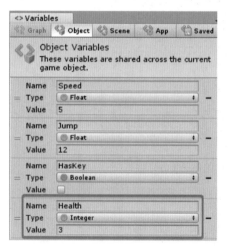

图 9-75　添加生命值变量

（3）添加一个新的整数对象变量 Health，默认值为 3。

（4）将更改应用到预制件中，以便影响到其他玩家实例。

9.7.1　在 HUD 中显示生命值

视频讲解

玩家角色生命值需要实时在 HUD 中显示并且更新。当玩家角色生命值发生损失时，需要做的是逐一清空 HUD 中的心形动画精灵。设置 HUD 中的心形动画精灵的流机器的步骤如下所述。

（1）打开 HUD 场景。

（2）选择 HUD 下的 Row 游戏对象。

（3）为 Row 游戏对象添加一个新的流机器组件。

（4）将其源设置为 Embed。

将机器的源设置为 Embed 将允许直接引用同一场景中的对象，而不需要使用变量，这样方便引用场景中的心形图像。但是要注意，能这样是因为只在这个物体上使用这个流图一次。

在 HUD 的心形的流图中将遍历 HUD 中的每个心形对象，如图 9-76 所示。如果玩家角色的生命值大于心形的索引号，心形应该显示为填充的；否则，应该显示为空的心形。

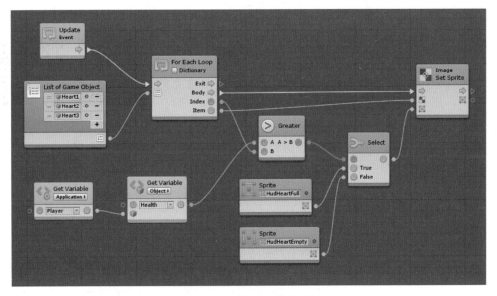

图 9-76　HUD 的心形的流图

通过在模糊查找器中输入 List of Game Object，可以很容易地找到 List of Game Object。否则，在 Codebase→System→Collections→Generic 中找到该单元。创建字段单元后，添加三个项目，并选择为每一个字段指定一个心形对象。

图 9-76 中相应单元在模糊查找器中的位置如下所述。

- For Each Loop 位于 Control 之下。
- HudHeartFull 和 HudHeartEmpty 图形位于目录 Sprites/Hud 之下。

对于每个心形对象，检查它的索引。第一个是 0，第二个是 1，第三个是 2。注意，在脚本中，索引都是从 0 开始的，这就是为什么它们是 0→1→2 的顺序，而不是 1→2→3 的顺序。

这里使用场景变量获得玩家角色的生命值。如果玩家的生命值大于心形的索引值（例如 HP 值为 2,大于索引号 1,即第二个心形）,则在第二个心形上启用完整的心形图案。否则,相对应的第二个心形,切换到空心的心形图案。如果现在测试游戏改变玩家角色的 Health 变量的数值看到心形的变化,如图 9-77 所示。

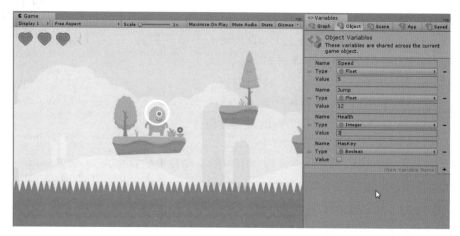

图 9-77　测试游戏改变玩家的 Health 变量的数值

9.7.2　创建玩家角色生命值状态机

对于玩家角色的生命值,使用状态机而不是流机器来反映玩家角色的生命值的变化。状态机有两种状态:玩家角色容易受到伤害(默认状态)和在被敌人碰撞后玩家角色将会暂时不受伤害(处于无敌状态)。现在开始创建本书的第一个状态机,具体步骤如下所述。

视频讲解　　　视频讲解

(1) 选择场景中的 player 对象。

(2) 为 player 对象添加一个新的状态机组件(也位于 Bolt 之下)。

(3) 为状态机创建一个新的名为 PlayerHealth 的宏。

(4) 将这些更改应用于预制件。

在新的状态图中,默认的开始(Start)状态如图 9-78 所示。

这里将改变状态名称为 Vulnerable 状态,选择要在图形检查器中显示其检查器的单元。在这里,可以将状态名称 Start 重命名为 Vulnerable,并添加相应的描述,如图 9-79 所示。

图 9-78　新的状态图中默认的
开始(Start)状态

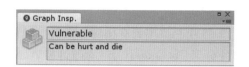

图 9-79　将状态名称重命名为 Vulnerable

现在将重点关注这个状态,它将执行大部分的损害处理,然后将在后面添加暂时无敌的状态。虽然所有流状态都以进入状态(On Enter State)、更新状态(Update)和退出状态(On Exit State)作为默认初始状态,但并不是都必须使用这些事件,如图 9-80 所示。事实上,对于 Vulnerable 状态,这里不会使用它们中的任何一个,所以可以删除它们。双击节点进入 Vulnerable 状态,删除这三个初始状态。

相反,这里将使用自定义事件来处理伤害,就像前面处理尖刺和死亡一样,如图 9-81 所示。这个事件称为伤害事件并且含有一个整数参数,反映出玩家角色受到的伤害程度。在 Vulnerable 子状态图中添加自定义事件,然后将 Arguments 字段设置为 1,将名称字段设置为 Damage。

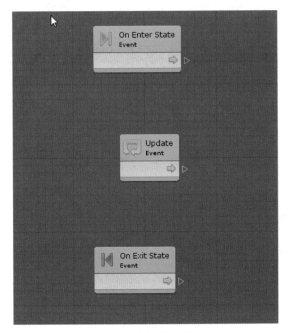

图 9-80　三个默认初始状态　　　　图 9-81　使用自定义事件来处理伤害

当玩家角色收到这个事件的处理逻辑,要做的就是从 Health 变量中减去这个参数,同时确保 Health 值不低于 0,如图 9-82 所示。

更新 Health 变量后,将检查它是否达到零,如果达到零,意味着玩家角色应该死亡。

如果玩家角色死了,它会给自己发送一个死亡事件,这个事件是在前面针对尖刺执行的,玩家角色发生死亡的时候将像以前一样重新加载当前关卡。

如果玩家角色没有死,会在动画器中触发一个受伤的动画,同时还将触发一个伤害的自定义事件,将使用它在下一步中切换到的容易受伤(Vulnerable)的状态,如图 9-83 所示。

回到根状态图中,创建一个新的流状态,同时将其改名为无敌的(Invulnerable),如图 9-84 所示。然后,在两种状态之间来回切换。

按 Crtl 键连接这两个状态,这种连接被称为切换。注意,切换显示是黄色的,而无敌状态的颜色变暗了。这是因为没有告诉 Bolt 何时从一种状态切换到另一种状态。双击图 9-84 中右边的黄色的 No Event 进行切换,打开切换的流图后,可以看到默认切换流图中唯一的单元是状态转换触发器,如图 9-85 所示。

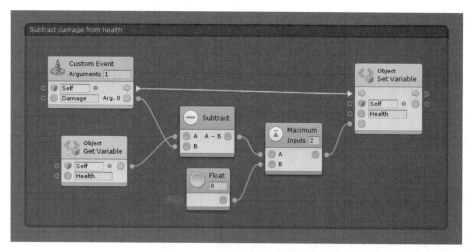

图 9-82　当玩家角色收到这个事件的处理逻辑

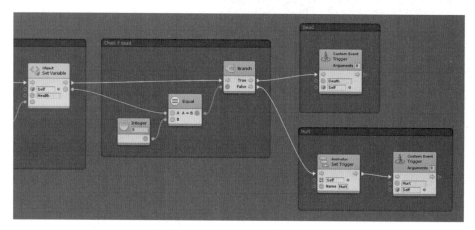

图 9-83　触发一个伤害的自定义事件

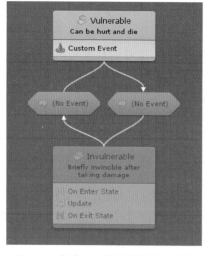

图 9-84　创建一个新的无敌的流状态

图 9-85　默认切换流图中唯一的单元

该状态转换触发器初始状态是变暗的,因为它从未被进入。然而,想要从容易受伤转变为无敌状态,必须接收到 Hurt 事件从而发生状态切换。因此,所要做的就是添加这个自定义事件并将其与触发器连接,如图 9-86 所示。

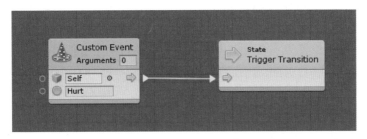

图 9-86　添加自定义事件并将其与触发器连接

这里还可以使用图检查器重命名这个转换,就像重命名状态一样。当流图中没有选择节点时,表明正在检查流图本身,因此可以更改其标题和摘要,如图 9-87 所示。

回到父状态图,现在看到无敌的状态被正确命名并有效,如图 9-88 所示。

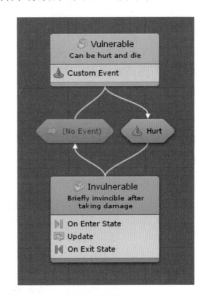

图 9-87　更改流图标题和摘要　　　　图 9-88　无敌的状态被正确命名并有效

在退出无敌的状态之前需要一个小的延迟,如图 9-89 所示。打开从无敌到易受攻击的转换,并以 On Enter State 状态作为起点,紧接着是 Wait 单元(在模糊查找器的 Time 下),延迟为 1。

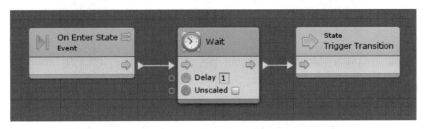

图 9-89　退出无敌的状态之前的一个小的延迟

　　确保在进入状态时选中协程(Coroutine)复选框,以支持等待(Wait)单元。父状态图如图 9-90 所示。

　　最后实现无敌状态。这里使用了一个简单的 Unity 技巧:要让玩家变得无敌,可以将其所在的层从 Player 变为 PlayerInvincible。所以先在检查器视图中把 Hierarchy 视图中的 Player 游戏对象放置在 Player 层,然后把 Player 切换到 PlayerInvincible 层,因为 PlayerInvincible 层被设置为不会与层碰撞矩阵中的敌人发生碰撞,因此能够防止玩家角色被敌人击中。选择 Unity 编辑器菜单中的 Edit→Project Settings 命令,在项目设置的 Physics 2D 部分更改层碰撞冲突矩阵(Layer Collision Matrix)的设置,如图 9-91 所示。

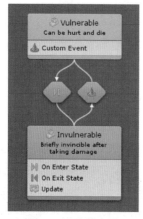

图 9-90　父状态图

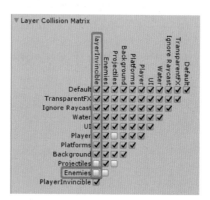

图 9-91　碰撞冲突矩阵的设置

　　当进入无敌状态时,玩家角色所在的层应该切换到 PlayerInvincible 层。当退出无敌的状态时,玩家角色应该会回到 Player 层。为此,这里使用 On Enter State 和 On Exit State 事件完成层的切换,如图 9-92 所示。

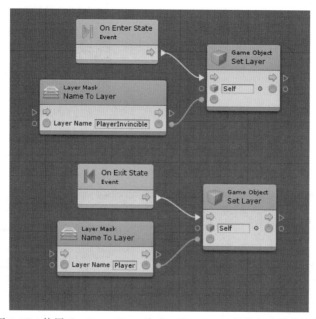

图 9-92　使用 On Enter State 和 On Exit State 事件完成层的切换

图 9-92 中相应单元在模糊查找器中的位置如下所述。

- Set Layer 位于 Codebase→Unity Engine→Game Object 之下。
- Name to Layer 位于 Codebase→Unity Engine→Layer Mask 之下。

在游戏进行时,通过检查器修改 Health 值的变化不会触发玩家角色生命值相关的伤害或死亡事件,因为这里是直接改变的 Health 值而不是用 Damage 事件来触发。

9.8 具有智能的敌人

在本节中,将给敌人添加简单的 AI。这些敌人将在平台上随机巡逻,一旦玩家靠近,它们会追逐玩家,在碰撞中给玩家造成伤害。如果玩家跑远了,它们会回重新进入随机巡逻模式。

注意:这部分是本章中最难的部分,需要综合使用到目前为止学过的所有知识:流图、状态图、超级单元、切换、宏、自定义事件和变量。

在开始阅读这部分内容之前,确保理解前面的所有相关知识,当完成时,最终的流图集如图 9-93 所示。

9.8.1 根状态机

视频讲解

类似这种 NPC 的状态机一般需要一个根状态机,在敌人角色上创建一个根状态机。它将有如下两种状态。

- 活着(Alive):大部分的逻辑在敌人活着的时候发生,如巡逻、追逐和伤害玩家。这个状态将是一个超状态,这意味着它本身将包含一个状态图。
- 死亡(Dead):当敌人被杀死时,它会慢慢地向下旋转然后消失。这将是一个简单的流状态。

创建敌人的根状态机的步骤如下所述。

(1)打开 Level3 场景。

(2)选择 Hierarchy 视图中的 Enemy 游戏对象。

(3)给 Enemy 游戏对象添加一个新的状态机(State Machine)组件。

(4)为它创建一个名为 Enemy 的宏。

(5)将这些更改应用于预制件。

在根状态机中执行如下操作。

(1)删除默认的开始(Start)状态,因为它是流状态,这里需要一个超级状态。

(2)创建一个新的超级状态(Super State),打开它并将其标题更改为 Alive。

(3)右击"活着"(Alive)状态并选择切换开始(Toggle Start)。

(4)创建一个新的流状态(Flow State),打开它并将其标题更改为 Dead。

(5)添加从 Alive 到 Dead 的切换。

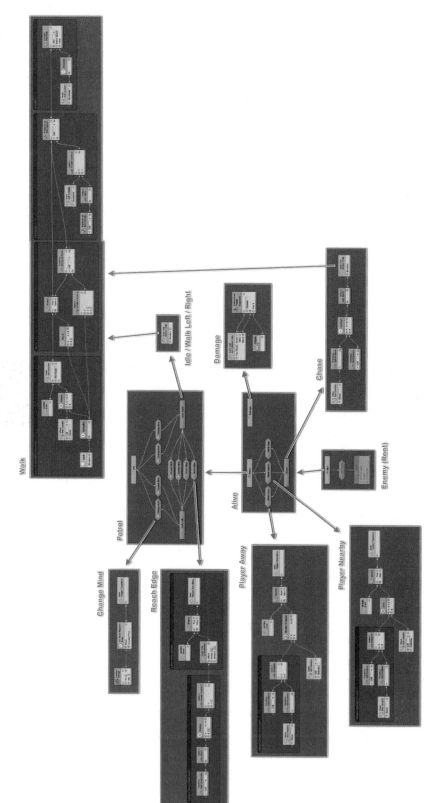

图 9-93 最终的流图集

此时，Enemy 的根状态图如图 9-94 所示。

在"活着"（Alive）超级状态图中，需要建立如下 3 个子状态。

- 巡逻：当玩家远离时，敌人在平台上随机巡逻。这是一个超级状态，因为巡逻本身也会包括不同的状态。
- 追逐：当玩家在附近时，敌人会追逐它。这将是一个正常的流状态。
- 伤害：在巡逻和追逐并行的状态，敌人可以在与玩家角色相撞时造成伤害。这也是一个正常的流状态。

这时的动态状态图中将有两个同时运行的状态"系统"：一个用于移动（巡逻或追逐）；另一个用于伤害（仅一个状态）。要做到这一点，只需右击 Toggle Start，在快捷菜单中定义多个启动状态即可，这两个状态将是巡逻和追逐。

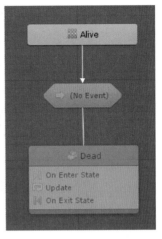

图 9-94　Enemy 的根状态图

整个建立子状态的步骤如下所述。

（1）添加一个超级状态 Patrol。

（2）添加一个名为 Chase 的流状态。

（3）添加一个名为 Damage 的流状态。

（4）在 Patrol 上切换为起始状态。

（5）同时在 Damage 上切换为起始状态。

（6）在 Patrol 和 Chase 之间添加来回切换。

敌人"活着"的状态图如图 9-95 所示。

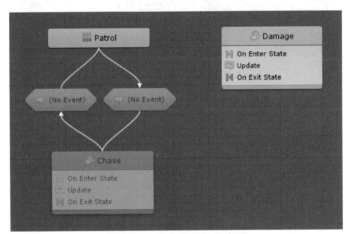

图 9-95　敌人活着的状态图

9.8.2　伤害玩家

敌人角色应该具备伤害玩家角色的能力。由于 9.7 节已经创建了玩家的生命值系统，并且在 PlayerHealth 状态图中添加了一个自定义的伤害事件，该事件有一个造成的伤害量参数。打开伤害（Damage）状态，如图 9-96 所示。

视频讲解

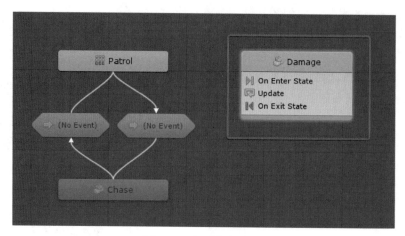

图 9-96　打开伤害状态

现在,先删除三个默认创建的单元,接着就是用 On Collision With 宏来触发伤害事件并给玩家造成 Health 数值的减少,如图 9-97 所示。

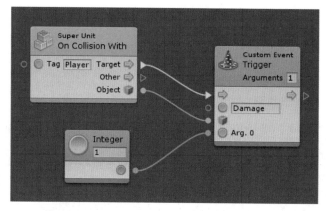

图 9-97　用 On Collision With 宏来触发伤害事件

如果现在测试游戏,敌人应该对玩家角色造成伤害,而这反过来又会使玩家角色暂时无敌。请注意本例中是如何保持图形简洁和有条理的。碰撞检测代码完全独立出来,玩家对象要对自己的生命值系统负责。敌人为一个单独的实体,只需要触发一个事件就能和玩家进行互动。在 Bolt 中利用状态的嵌套可以创建健壮的游戏架构。

9.8.3　行走

敌人有多种行走模式,在平台上巡逻时必须能够左右行走,追逐时必须朝向玩家走动。这里在 Assets 目录下创建一个可重用的 EnemyWalk 流图宏,该流图宏与玩家角色的移动相似,但并不完全相同。在该流图中添加一个名为 direction 的浮点输入值,如图 9-98 所示。

这个输入 direction 表示 X 轴方向的数值。如果它大于零,则敌人向右走;如果小于零,则敌人向左走;如果等于零,则敌人保持原地不动。这里的 direction 不是速度。例

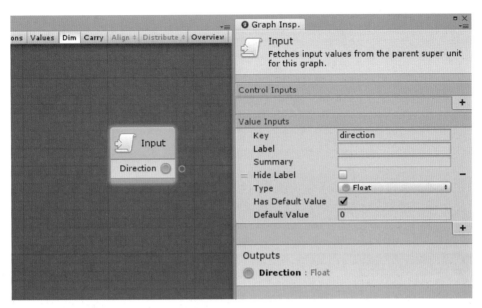

图 9-98　名为 direction 的浮点输入值

如，如果 direction 是－5，敌人向左移动的速度应该和 direction 为－1 时一样。为了做到这一点，将首先标准化方向，然后乘以速度，使得值为 0～1。计算运动的流图，如图 9-99 所示。

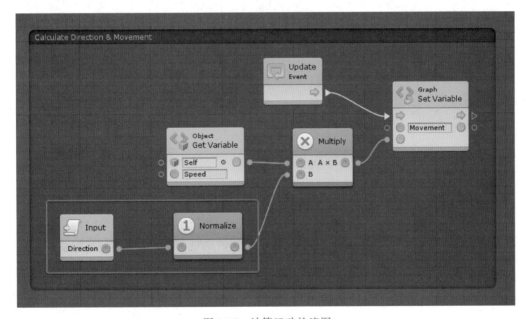

图 9-99　计算运动的流图

再次使用 Speed 对象变量，因为想让玩家角色比敌人快一点，因此会给敌人的游戏对象添加一个值为 2 的速度变量，并将这些变化应用到预制件中，如图 9-100 所示。

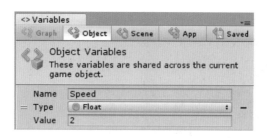

图 9-100　给敌人游戏对象添加一个值为 2 的速度变量

与之前对玩家角色控制器所做的类似,通过设置 X 轴的缩放来翻转敌人的动画精灵,但前提是方向不是零。如果方向是零,意味着敌人是空闲的,将跳过翻转并保持最近一次的缩放数值,如图 9-101 所示。

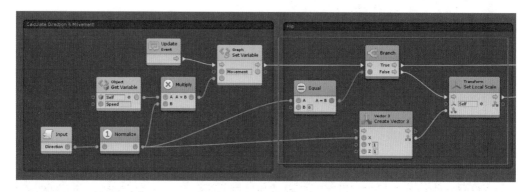

图 9-101　翻转的流图

相等(Equal)单元接收数字,并允许为 B 使用内联值,这是因为在单元的图形检查器中 Numeric 是被选中的,如图 9-102 所示。

它的工作原理如图 9-103 所示。

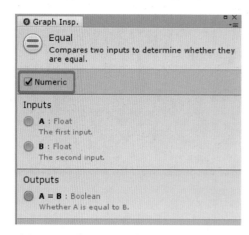

图 9-102　单元的图形检查器中 Numeric 是
被选中的

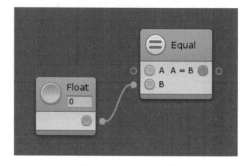

图 9-103　工作原理

就像为玩家角色控制器做的那样,设置敌人刚体的 X 速度来匹配计算出的移动变量,如图 9-104 所示。

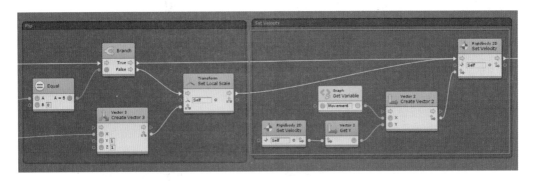

图 9-104 设置敌人刚体的 X 速度来匹配计算出的移动变量

最后,将速度传递给敌人的动画控制器,如图 9-105 所示。

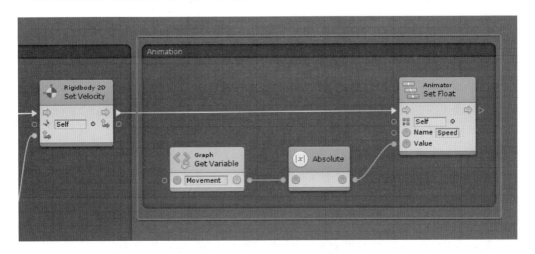

图 9-105 将速度传递给敌人的动画控制器

此时,缩小后的最终的 EnemyWalk 宏如图 9-106 所示。

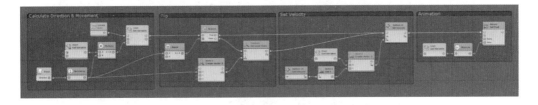

图 9-106 缩小后的最终的 EnemyWalk 宏

现在已经准备好了行走宏,基于此,可以实现巡逻超级状态,如图 9-107 所示。

通过面包屑导航条,打开在 Enemy→Alive→Patrol 下面的 Patrol 状态,如图 9-108 所示。

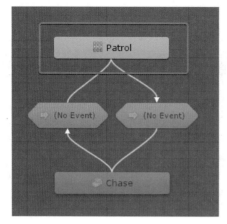

图 9-107　实现巡逻超级状态

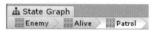

图 9-108　打开 Patrol 状态

在这个嵌套状态图中,需要如下 3 个状态。

- Idle:当敌人在等待的时候,让它好像"停下来来思考"一样。
- Walk Left:当敌人决定向左走时。
- Walk Right:当敌人决定向右走时。

默认情况下,敌人将是空闲(Idle)的。设置 3 个状态的步骤如下所述。

(1) 将默认的 Start 状态重命名为 Idle。

(2) 添加一个名为 Walk Left 的新流状态。

(3) 添加一个名为 Walk Right 的新流状态。

把 Idle 置于顶部,摆放 3 个状态成品字形,如图 9-109 所示。

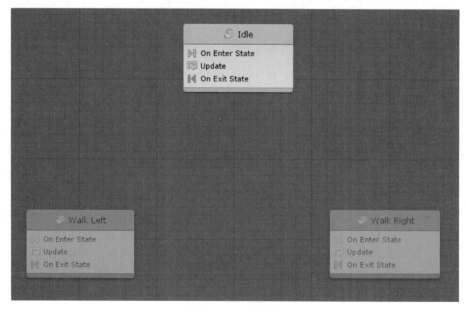

图 9-109　3 个状态

先删除每个状态中的默认三个事件并拖动 EnemyWalk 宏来创建超级单元,再使用 EnemyWalk 宏作为这些状态下的超级单元,如图 9-110 所示。

Idle   Walk Left   Walk Right

图 9-110 拖动 EnemyWalk 宏来创建超级单元

在 Idle 状态中,Direction 是 0;往左走状态中,Direction 是-1;向右走状态中,Direction 是 1。完成之后,每个状态都应该只有一个节点。接下来,将创建这些状态之间的转换。

9.8.4 敌人的主意变换机制

有时候,敌人可能随机地改变它的想法,它可能是处于空闲的状态,突然决定向右走,或改变方向,或停止前进。这里将其称为"主意变换"转换。可以创建一个可重用的宏来处理所有这些宏。创建一个名为 EnemyChangeMind 的流图,如图 9-111 所示。

视频讲解

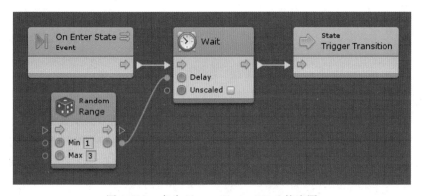

图 9-111 名为 EnemyChangeMind 的流图

图 9-111 中相应单元在模糊查找器中的位置如下所述。

- Random Range 位于 Unity Engine→Codebase→Random 之下。
- Wait 位于 Time 之下。
- Trigger Transition 位于 Nesting 之下。

这个简单的转换在 1~3s 为随机等待触发。建议给流图设置一个标题,这样更容易理解它的作用,如图 9-112 所示。

下一步把该转换添加到图中。敌人可以从任何一种状态转变为另一种状态,因此需要在类似三角形中的每个状态之间来回转换,敌人的状态转换图如图 9-113 所示。

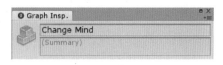

图 9-112 给新的流图设置一个标题

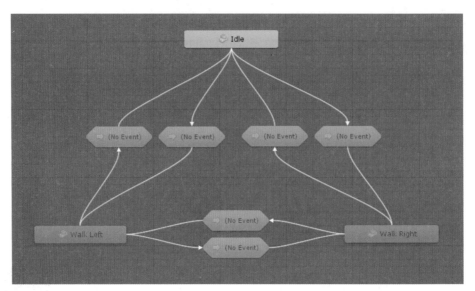

图 9-113　敌人的状态转换图

为每个转换节点执行如下操作。

（1）选择每个转换。

（2）将其源设置为 Macro。

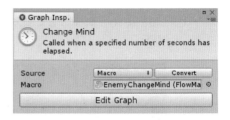

（3）选择 EnemyChangeMind 宏。

每个转换在检查器中的显示如图 9-114 所示。

操作后的状态图如图 9-115 所示。

图 9-114　每个转换在检查器中的显示

如果现在测试，敌人则开始随机巡逻，但当它到达它的平台边缘时不会停止。接下来讨论通过在敌人到达平台边缘时添加另一种类型的切换来解决这个问题。

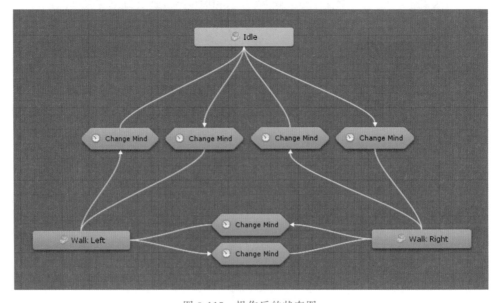

图 9-115　操作后的状态图

为了确定敌人是否已经到达它的平台的边缘,这里将使用一种类似于之前检测玩家是否被与地面碰撞的检测技术:使用向下的圆形投射区域。不过,这次会在敌人的移动方向上增加一个小的偏移量,这样圆形投射区域就可以提前预测敌人自身是否到达平台的边缘,如图 9-116 所示。

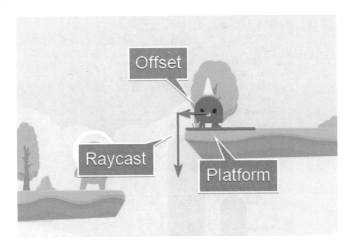

图 9-116　提前预测敌人自身是否到达平台的边缘

如果带有偏移量的地面检查返回假,就会知道敌人很快不会在地面上,因此已经到达了平台边缘。由于已经有了一个 GroundCheck 宏,这里只添加一些参数来修改它。打开之前为玩家控制器创建的 GroundCheck 宏,如图 9-117 所示。

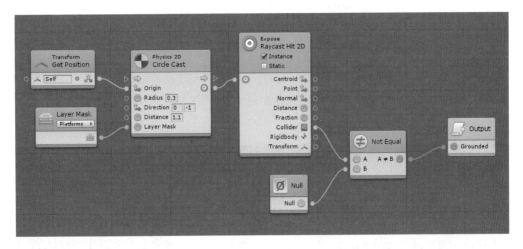

图 9-117　为玩家控制器创建的 GroundCheck 宏

添加一个新的有三个参数的输入单元,如图 9-118 所示。

- offset(二维矢量,默认为 0,0):从对象的位置向圆形的原点添加的偏移量。
- radius(浮点数,默认为 0.3):圆的半径。
- distance(浮点数,默认为 1.1):向下检查的距离。

可以让半径和距离作为固定值,但是在这里可以把它们变成参数,使得宏更灵活。

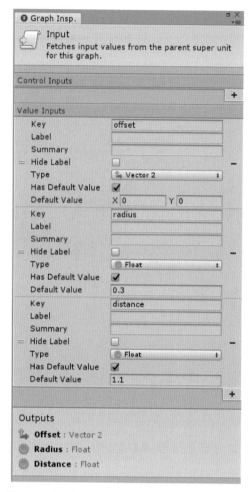

图 9-118　添加一个新的有三个参数的输入单元

　　然后，将新的输入端口连接到 Circle Cast 单元并使用 Add 单元增加偏移量，如图 9-119 所示。

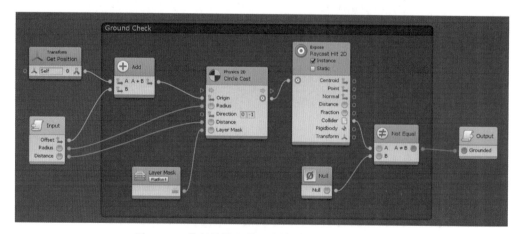

图 9-119　将新的输入端口连接到 Circle Cast 单元

为切换创建一个新的名为 ReachEdge 的宏。计算偏移参数,使它指向敌人前进的方向。可以用缩放的 X 轴上的数值来知道敌人的朝向,因为在移动代码中用它来完成对敌人的翻转。然后把它乘以 0.5 个单位,这是一个大约敌人宽度的一半的小偏移量。然后,将偏移矢量连接到超级单元的偏移端口,如图 9-120 所示。

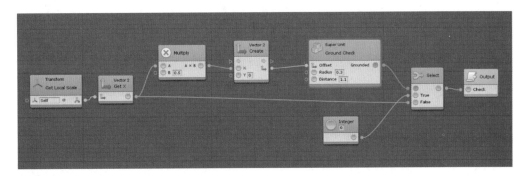

图 9-120　ReachEdge 宏

如果敌人不和地面接触,就触发切换,如图 9-121 所示。

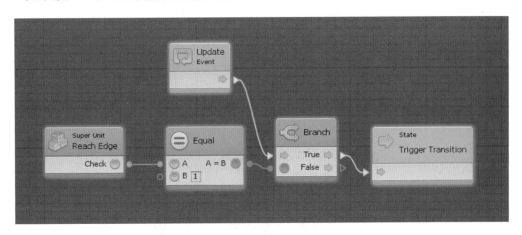

图 9-121　碰触边界切换

最后,只需要将这个切换添加到巡逻子图中。图 9-121 的切换是 Walk Right 切换到 Walk Left 的逻辑,而 Walk Right 切换到 Walk Left 的逻辑与图 9-121 基本相同,只是在内联值 B 处输入−1。从逻辑上讲,一个敌人只有在向左或向右行走时才能到达边缘,当它到达时,它应该立即朝相反的方向前进。因此,只在 Walk Left 和 Walk Right 状态之间来回添加新的切换,如图 9-122 所示。

如果现在测试游戏,敌人应该能自动地避免从平台上掉下来。现在巡逻状态已经完成,准备实现 Chase 状态,如图 9-123 所示。

当追逐时,敌人应该向玩家走动。由于 EnemyWalk 超级宏的存在,只需要计算从敌人到玩家的方向并将其传递给超级单元即可,如图 9-124 所示。

使用简单的矢量数学运算,通过玩家位置减去敌人位置来得到方向矢量,并取它的 X 分量。因为敌人行走流图能将值规范化为[−1,1],所以可以直接将其传递给超级单元。

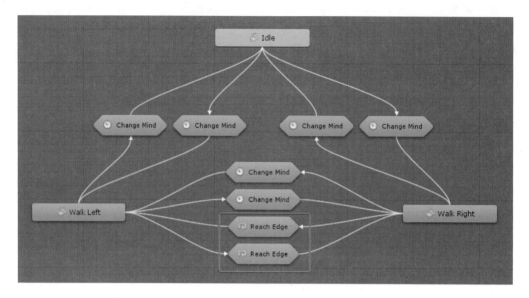

图 9-122　在 Walk Left 和 Walk Right 状态之间添加新的切换

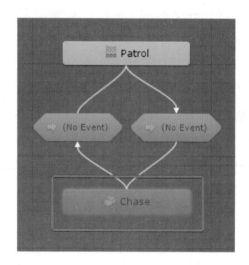

图 9-123　准备实现 Chase 状态

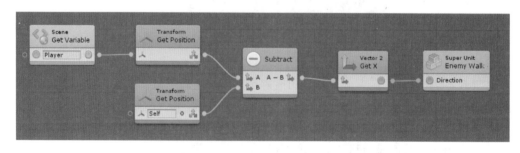

图 9-124　计算从敌人到玩家的方向并将其传递给超级单元

当玩家靠近时,敌人应该开始追逐,当玩家远离时就停止追逐。给敌人对象添加一个Detection变量,以指示它开始看到玩家时两者的距离,并将这些变化应用到预制件中,如图9-125所示。

打开从巡逻到追逐的切换,如图9-126所示。

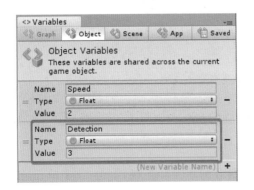

图 9-125　给敌人对象添加一个 Detection 变量

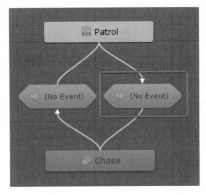

图 9-126　打开从巡逻到追逐的切换

计算玩家与敌人之间的距离,如果小于探测半径,则进行切换。将切换改名为 Player Nearby,如图9-127所示。

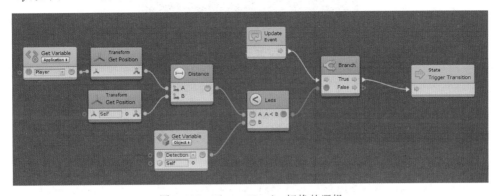

图 9-127　Player Nearby 切换的逻辑

开启从追逐到巡逻的切换,如图9-128所示。

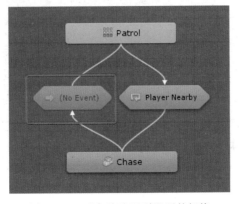

图 9-128　开启从追逐到巡逻的切换

在这里实现相反的检查,如果玩家超出了检测范围则触发转换,如图9-129所示。

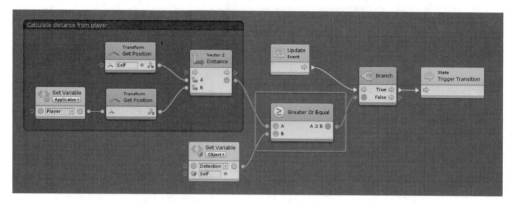

图9-129　如果玩家超出了检测范围则触发转换

可以从检测玩家在附近的切换,复制、粘贴所有的单元和连接,右击Less单元,然后选择替换,接着选择Greater Or Equal。重命名切换为Player Away,如图9-130所示。

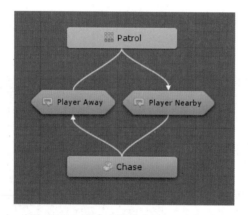

图9-130　重命名切换为Player Away

如果现在测试游戏,会发现当玩家接近时,敌人即使要从岩架上摔下来也要追到玩家。修复这一问题只需从追逐转换到巡逻时加入Reach Edge切换,该切换逻辑如图9-131所示。

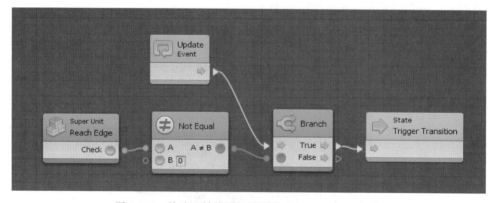

图9-131　从追逐转换到巡逻时加入Reach Edge切换

此时,敌人应该在平台上巡逻,当玩家靠近时,敌人追逐玩家,并在碰撞中给玩家角色造成伤害。可以参照此例充分利用嵌套的力量重用代码,并做出一个健壮的 AI。

9.9 抛射攻击

在本节给玩家角色添加抛射攻击能力来完善游戏机制。一旦玩家角色抓住闪电,它就能向敌人投掷闪电,瞬间杀死它们。这里需要做的第一件事是在玩家角色身上添加一个 HasProjectiles 变量来确定它是否有闪电,如图 9-132 所示。具体步骤如下所述。

图 9-132 在玩家角色身上添加一个变量来确定它是否有闪电

(1)打开 Level4 场景。

(2)选择 Hierarchy 视图中的 Player 对象。

(3)为 Player 游戏对象添加一个名为 HasProjectiles 的布尔对象变量,默认为 False。

(4)将这些更改应用于预制件。

然后给闪电游戏对象添加一个流图,使得玩家角色捡取地面上的闪电以后使 HasProjectiles 变量变为 True,如图 9-133 所示。这将非常类似于钥匙拾取的机制。具体步骤如下:

(1)选择 Hierarchy 视图中的 ProjectilesPickup 游戏对象。

(2)为游戏对象添加一个新的流机器组件。

(3)为流机器组件创建一个名为 ProjectilesPickup 的宏。

(4)将这些更改应用于预制件。

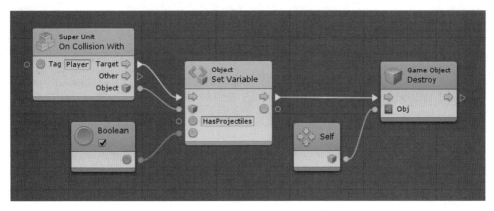

图 9-133 ProjectilesPickup 流图

接下来将为闪电本身创建流图。闪电应该在旋转的同时向发射方向前进,当它与敌人相撞时,就会触发敌人的死亡事件。当它与其他任何东西碰撞时,它就会消失。需要进行如下操作。

(1)在 Prefabs 目录下选择 Projectile 预制件。

(2)为 Projectile 预制件添加一个新的流机器组件。

（3）将流机器组件源切换为 Embed。

在这里，可以使用嵌入图，因为虽然它是预制件，但只会在运行时实例化。请注意，如果愿意，宏也可以工作得很好。

在发射时，闪电对象被分配了一个 Direction 变量，表示要发射的标准化 X 轴。然后，将要发射的闪电的速度设为与该方向匹配的恒定速度，为每秒 8 个单位，并在 10s 内自毁，以防它没有击中任何东西，如图 9-134 所示。

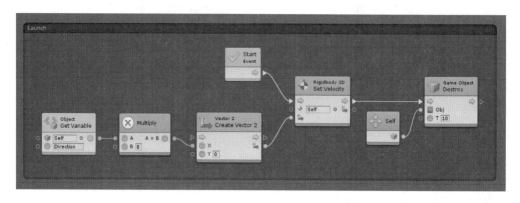

图 9-134　闪电对象的流图的开始事件部分

为了达到好的视觉效果，让闪电不停旋转地飞出的流图如图 9-135 所示。

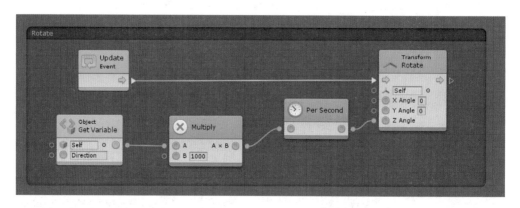

图 9-135　让闪电不停旋转地飞出的流图

在图 9-135 中，使用了 Per Second 单元，它位于模糊查找器的 Math→Scalar 之下。它允许指定一个帧速率标准化度数。如果不标准化，则闪电旋转的速度将取决于游戏的帧速率，因为每帧只调用一次更新。因此，在更快、更好的计算机上，闪电会比在更慢的计算机上旋转得更快，这种情况是要避免的。

最后，检查闪电击中的对象是否是敌人，如果是，则触发它的死亡事件（稍后实现），然后摧毁闪电游戏对象，如图 9-136 所示。如果击中的不是敌人，而是另一个物体，则只是摧毁了闪电。

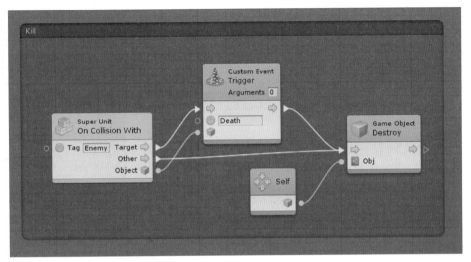

图 9-136 检查闪电击中的对象是否是敌人

9.9.1 发射闪电

当玩家按下 Unity 输入设置中映射的 Fire 按钮(默认情况下是按 Ctrl 键或鼠标左键)时,会抛出闪电。当按下该按钮时,将检查玩家角色是否有闪电,如果有,在玩家角色的位置用默认旋转实例化发射闪电预制件。

视频讲解

这个新产生的闪电朝 Direction 对象变量指定的方向发射,该对象变量设置为玩家角色在 X 轴上的比例,即玩家角色面对的方向。打开 PlayerControler 流图并添加闪电发射逻辑组,如图 9-137 所示。

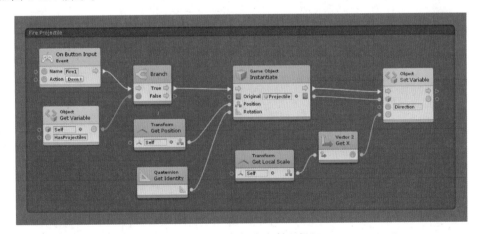

图 9-137 添加闪电发射逻辑组

9.9.2 敌人死亡

当敌人接触到闪电时,应该进入死亡(Death)状态。现在,在敌人的状态机中实现 Death 状态,如图 9-138 所示。

视频讲解

当敌人死亡时,敌人的游戏对象应该执行下列步骤。

(1)敌人游戏对象停止移动,将速度设置为零。

(2)通过禁用敌人对象的碰撞检测器停止该对象与任何东西碰撞并且让它倒下。

(3)通过降低其动画精灵颜色 alpha 值,使其成为半透明。

(4)切换回它的空闲动画,设置它的动画 Speed 变量为零。

(5)5s 后自毁。

敌人的游戏对象的死亡逻辑的实现如图 9-139 所示。图 9-139 中相应的单元在模糊查找器中的位置如下所示。

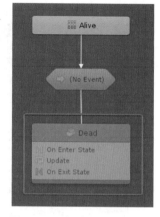

图 9-138　在敌人的状态机中实现 Death 状态

- Sequence 位于 Control 之下。它允许垂直地而不是水平地排列步骤列表。

- Set Enabled 位于 Codebase → Unity Engine → Box Collider 2D 之下。

- Set Color 位于 Codebase→Unity Engine→Sprite Renderer 之下。这里,将它设置为白色,但将 alpha 通道的数值调低: 。

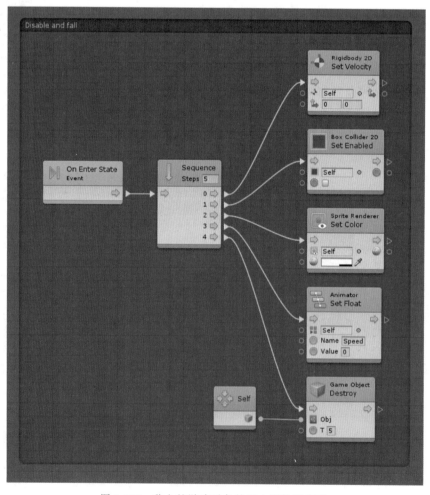

图 9-139　敌人的游戏对象的死亡逻辑的实现

当敌人的游戏对象下落的同时让它旋转的流图如图 9-140 所示。

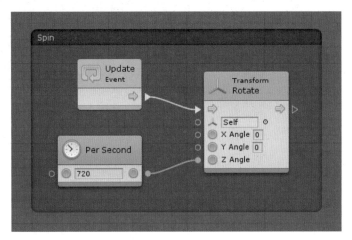

图 9-140　敌人的游戏对象下落的同时让它旋转的流图

为了让敌人能够切换到死亡状态,只需要在敌人的状态切换的流图上监听触发的 Death 自定义事件,如图 9-141 所示。

将该切换重命名为 Death。最终的敌人根状态图,如图 9-142 所示。

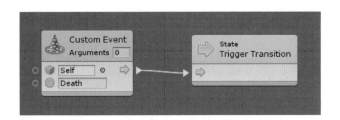

图 9-141　监听触发的 Death 自定义事件

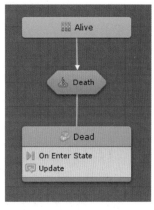

图 9-142　最终的敌人根状态图

9.9.3　在 HUD 上显示闪电

最后,需要在 HUD 中显示玩家是否拥有发射闪电技能,其步骤如下所述。

(1) 打开 HUD 场景。

(2) 选择 Hierarchy 视图中的 Projectiles 对象。

(3) 给 Projectiles 对象添加一个新的流机器,将其源设置为嵌入。

显示玩家是否有发射闪电技能的流图比钥匙的流图简单(如图 9-143 所示),因为如果闪电不在玩家角色的库存中,会直接隐藏它。

目前完成了游戏的主要部分,如果现在是第 4 级关卡测试游戏,玩家角色应该能够发射闪电和杀死敌人,如图 9-144 所示。

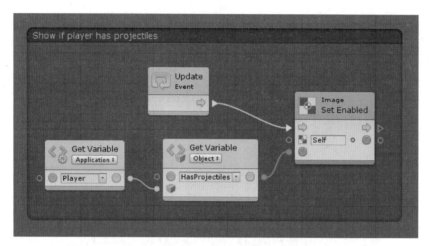

图 9-143　显示玩家是否有发射闪电技能

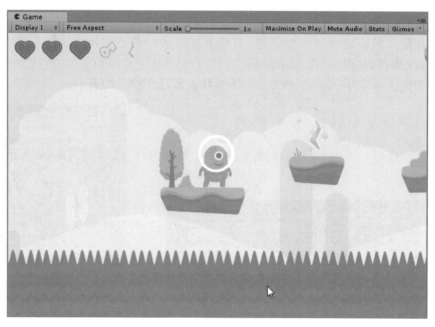

图 9-144　玩家角色应该能够发射闪电和杀死敌人

9.10　暂停菜单

视频讲解

　　游戏本身已经完成了,现在开始实现菜单。在这一部分中,将创建一个简单的暂停菜单,允许玩家继续、退出主菜单或退出游戏。该菜单激活的时候,将暂停所有在后台显示的内容。

　　前面已介绍过,在实现 HUD 加载器时如何停用 Pause 菜单对象,停用 Pause 菜单对象是因为不想让它一直干扰游戏。现在将实现一个适当的暂停机制,用来激活暂停菜单对象。具体步骤如下所述。

（1）打开 HUD 场景。

（2）选择 Hierarchy 视图中的 PauseMenu 游戏对象。

（3）重新激活 PauseMenu 游戏对象，如图 9-145 所示。

这里将创建具有两种状态（Playing 和 Paused）的简单全局 HUD 状态机，如图 9-146 所示。步骤如下所述。

图 9-145　重新激活 PauseMenu 游戏对象

（1）选择 Hierarchy 视图中 HUD 对象。

（2）为 HUD 对象添加一个新的状态机组件。

（3）将状态机组件的源设置为 Embed。

（4）将默认开始状态重命名为 Playing。

（5）添加一个称为 Paused 的新的流状态。

（6）在 Playing 状态和 Paused 状态之间添加切换。

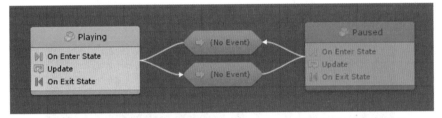

图 9-146　创建具有两种状态（Playing 和 Paused）的简单全局 HUD 状态机

在暂停状态下的控制逻辑如图 9-147 所示。实现步骤如下所述。

（1）将时间尺度设置为 0，即可暂停游戏。

（2）激活 PauseMenu 游戏对象。

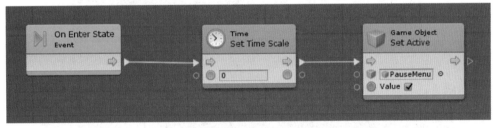

图 9-147　在暂停状态下的控制逻辑

在游戏状态下会执行相反的逻辑如图 9-148 所示。实现步骤如下所述。

（1）将时间尺度恢复到 1，恢复游戏正常执行。

（2）停用 PauseMenu 游戏对象。

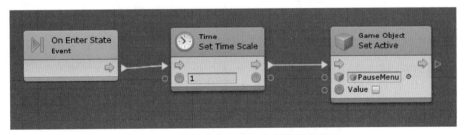

图 9-148　在游戏状态下会执行相反的逻辑

为了暂停游戏,等待 Escape 键被按下的执行逻辑,如图 9-149 所示。

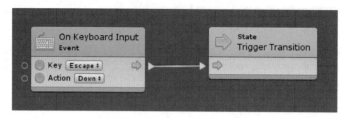

图 9-149 等待 Escape 键被按下的执行逻辑

为了继续游戏,将允许两个选择,再次按下 Esc 键或者单击 ResumeButton 按钮,如图 9-150 所示。Bolt 的一个强大功能是在其他物体上也能监听当前物体的事件。利用这一点,从 ResumeButton 对象中侦听 On Button Click 事件。将 ResumeButton 对象(在层次结构(Hierarchy)视图中的 PauseMenu/Buttons 下)拖动到 Self 字段中以替换目标。

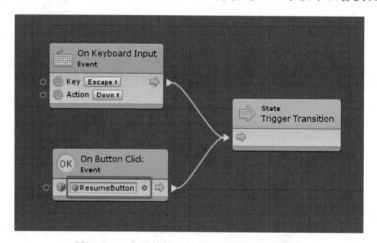

图 9-150 为了能够继续游戏将允许两个选择

适当地重命名切换后,最终的 HUD 状态图如图 9-151 所示。

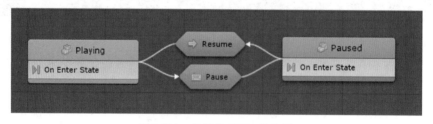

图 9-151 最终的 HUD 状态图

主菜单按钮应该在被单击时加载 Menu 场景,如图 9-152 所示。建立相应流机器的步骤如下所述。

(1) 在 Hierarchy 视图中选择 MenuButton 对象。

(2) 为 MenuButton 对象添加一个新的流机器。

(3) 将流机器的源设置为 Embed。

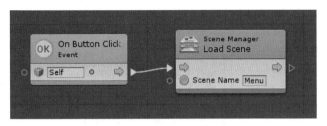

图 9-152 主菜单按钮应该在被单击时加载 Menu 场景

退出按钮的逻辑同样简单,如图 9-153 所示,只需在单击应用程序时完全退出即可。建立步骤如下所述。

(1) 在 Hierarchy 视图中选择 QuitButton 对象。

(2) 为 QuitButton 对象添加一个新的流机器。

(3) 将其源设置为 Embed。

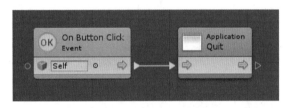

图 9-153 退出按钮的逻辑

图 9-153 中相应的单元在模糊查找器的位置如下所示:Quit 单元位于 Codebase→Unity Engine→Application 之下。注意,它在 Unity 编辑器的播放环境中不工作(即它不会退出播放模式),但在构造的二进制可执行程序中工作。

至此,在每个场景中都有一个可以工作的暂停菜单。

9.11 主菜单

视频讲解

目前为止几乎完成了本章的内容,这里需要添加的最后一部分内容是主菜单。平台游戏的主菜单是一个关卡选择器,如图 9-154 所示。它允许玩家重新访问解锁过的任何关卡,而不需要从关卡 1 开始。它还允许开始一个新的游戏,这意味着它将重新锁定每一个关卡(除了第 1 个),或退出应用程序。

打开 Menu 场景,将注意到每一个在 Canvas/Panel/Buttons 之下的实际上是一个预制件。预制件位于资产目录的 Prefabs/MenuLevelButton 之下。在项目窗口中选择 MenuLevelButton 预制件,为其添加一个名为 Scene 的字符串对象变量,如图 9-155 所示。

为该预制件添加一个新的流机器组件,并为其创建一个名为 MenuLevelButton 的新宏。然后,对于 Menu 场景中的每个关卡按钮,编辑 Scene 变量以匹配关卡的名称。

(1) 对于 Level1Button,设置为 Level1。

(2) 对于 Level2Button,设置为 Level2。

(3) 对于 Level3Button,设置为 Level3。

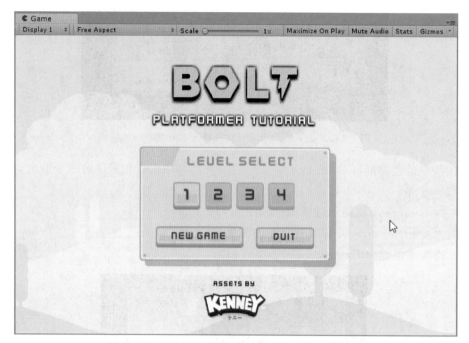

图 9-154　平台游戏的主菜单

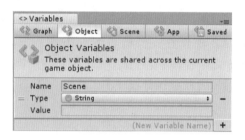

图 9-155　添加一个名为 Scene 的字符串对象变量

（4）对于 Level4Button，设置为 Level4。

使用 Scene 变量来确定加载哪个场景，在 MenuLevelButton 宏中，添加以下单元组以实现在单击时加载对应场景，如图 9-156 所示。

前面已讲过，在创建关卡改变脚本时如何在关卡完成时保存 LevelX_Unlocked 变量，现在要使用它了，这里将检查保存的具有匹配场景名称的变量是否存在、是否为真，如图 9-157 所示。如果存在，按钮是可交互的；否则，按钮就不可交互。

直到现在，当在测试的时候，玩家一直从第一级开始玩。但是如果玩家在菜单场景中开始时没有解锁关卡，他们甚至不能从菜单中选择第 1 个关卡。

为了解决这个问题，将创建一个初始保存的变量。这些数据会自动为新游戏创建，但是会被保存的游戏中的任何数据覆盖。为此，需要做的就是在存储级变量选项卡的初始子选项卡中声明变量。这样，当第一次打开游戏时，Level1_Unlocked 将为真。

新的游戏按钮将会解锁第 1 级以上的所有关卡。再使用 For 循环加锁第 1 级以后的关卡，如图 9-158 所示。

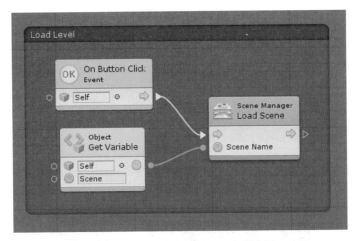

图 9-156 MenuLevelButton 宏的流图

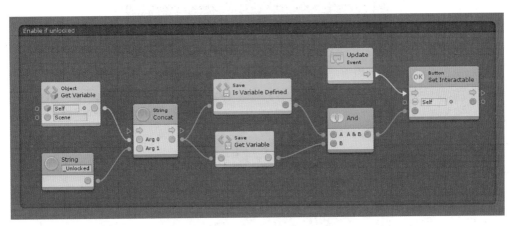

图 9-157 检查保存的具有匹配场景名称的变量是否存在的逻辑

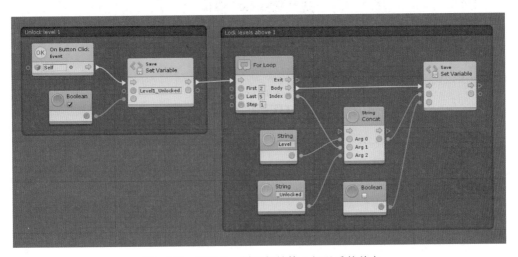

图 9-158 使用 For 循环加锁第 1 级以后的关卡

这里需要注意的一件重要事情是,For 循环包含第一个数字,但不包含最后一个数字。这就是为什么在最后一个字段中是 5 而不是 4。这个步骤由每次迭代中索引的变化量决定:在例子中,它被增加了 1。换句话说,其作用如下伪代码所示。

```
设置 Level1_Unlocked 为真
在循环内
    若 Index = 2,设置 Level2_Unlocked 为假
    若 Index = 3,设置 Level3_Unlocked 为假
    若 Index = 4,设置 Level4_Unlocked 为假
退出循环
```

就像在暂停菜单中做的一样,嵌入流机器到 QuitButton 对象,如图 9-159 所示。

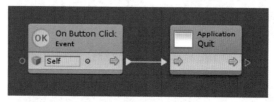

图 9-159　嵌入流机器到 QuitButton 对象

如果现在测试游戏,应该有一个暂停菜单,它记住了解锁的关卡,如图 9-160 所示。

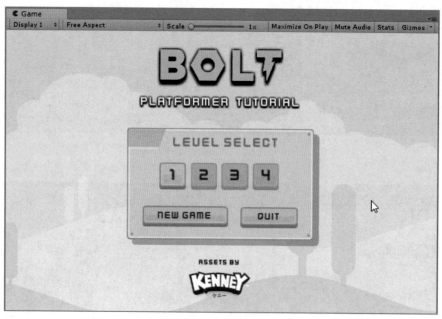

图 9-160　暂停菜单

本章没有编写一行代码就创建了整个平台游戏逻辑。这里有一些建议可以更加完善这个游戏。

(1) 创造更多的敌人、钥匙和跳跃挑战的新关卡。

(2) 修改某些值以得到想要的效果。

(3) 添加伤害或杀死玩家的新陷阱。

(4) 通过添加粒子效果或音频来完善游戏,如伤害、发射物等。

## 第10章

建立一个简单的第一人称控制器

本章将从零开始建立一个简单的第一人称控制器。打开 Unity 后新建立一个项目,名为 FirstPersonDemo,增加 Bolt 和 Standard Assets 两个 Unity 包,如图 10-1 所示。

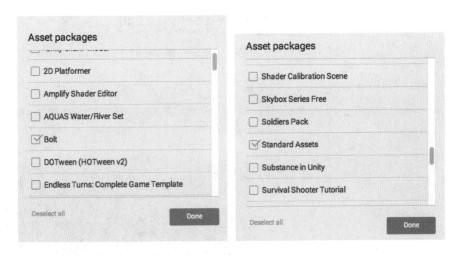

图 10-1　增加 Bolt 和 Standard Assets 两个 Unity 包

单击 Done 按钮,完成项目的简单初始化。完成 Bolt 的一系列初始化设置以后(如前所述,这里不再赘述),准备开始建立简单的场景。

10.1　建立简单的场景

先构造用于测试第一人称控制器的简单场景,首先选择 Assets/Standard Assets/Prototyping/Prefabs 下的 FloorProto-type64x01x64 预制件拖动到 Hierarchy 视图中,FloorPrototype64x01x64 预制件的 Transform 信息如图 10-2 所示。

视频讲解

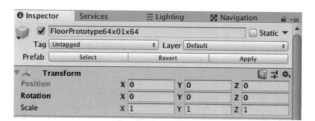

图 10-2　FloorPrototype64x01x64 预制件的 Transform 信息

再用同样的方法把位于 Assets/Standard Assets/Prototyping/Prefabs 下的 StepsPrototype04x02x02 预制件拖动到 Hierarchy 视图中，StepsPrototype04x02x02 预制件的 Transform 信息，如图 10-3 所示。

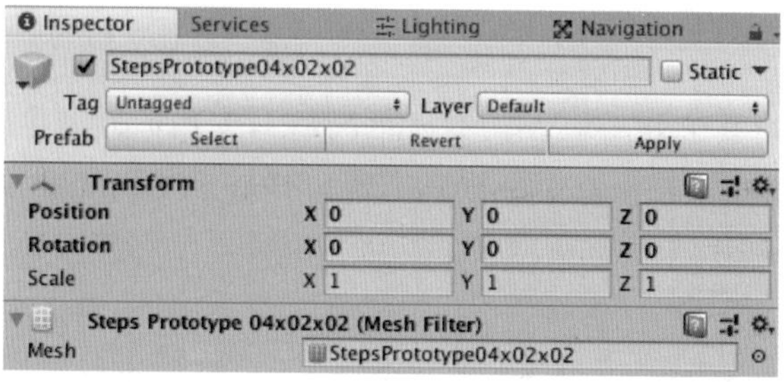

图 10-3　StepsPrototype04x02x02 预制件的 Transform 信息

此时的初始场景如图 10-4 所示。

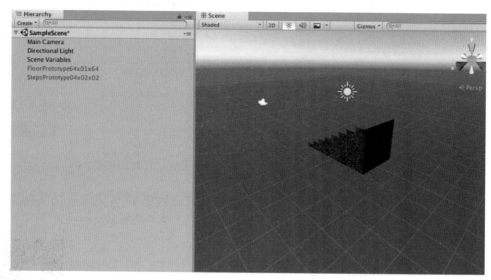

图 10-4　初始场景

在 Hierarchy 视图中右击会出现快捷菜单，如图 10-5 所示。

选择快捷菜单中的 Create Empty 命令，建立一个空的游戏对象，将其改名为 Player，Player 游戏对象的 Transform 信息如图 10-6 所示。

在 Player 对象下增加 Rigidbody 组件，如图 10-7 所示。

图 10-5　在 Hierarchy 视图中的快捷菜单

图 10-6　Player 游戏对象的 Transform 信息

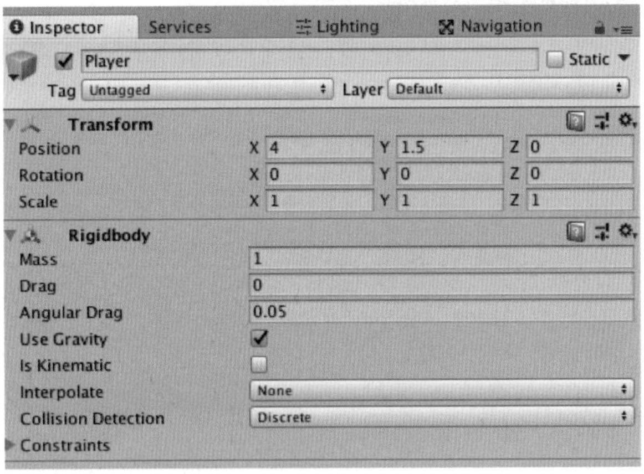

图 10-7　增加 Rigidbody 组件

再在 Player 对象下增加 Capsule Collider，如图 10-8 所示。

单击  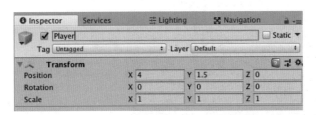 按钮调整 Collider 的大小，调整完毕后松开 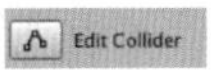 按钮，如图 10-9 所示。

在 Hierarchy 视图中，将 Main Camera 拖动至 Player 之下，形成 Player 的子对象，如图 10-10 所示。

单击 Inspector 窗口中的 Transform 的齿轮部分并选择 Reset Position 命令，然后把 Transform 部分的 Position 中的 Y 分量改为 1.5，如图 10-11 所示。

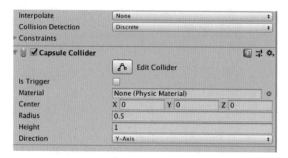

图 10-8 增加 Capsule Collider

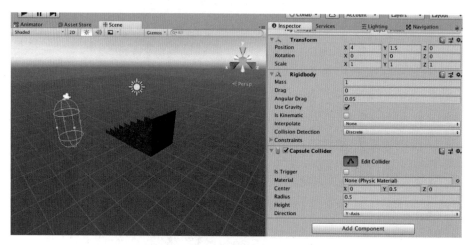

图 10-9 调整 Collider 的大小

图 10-10 将 Main Camera 拖动至 Player 之下

图 10-11 选择 Reset Position 命令

为 Player 对象增加一个流机器，并在 Assets 目录下建立一个新的名为 PlayerControler 的宏，并把 PlayerControler 宏指派给该流机器，如图 10-12 所示。

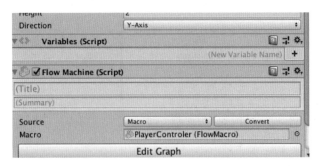

图 10-12　把 PlayerControler 宏指派给流机器

10.2　编辑流图

视频讲解

在场景搭建完毕以后，需要给第一人称控制器添加相应的控制逻辑，而这些控制逻辑由名为 PlayerControler 的宏来实现。在 PlayerControler 的流图中默认有 Start 和 Update 两个事件处理单元，如图 10-13 所示。Start 单元指的是该流图被第一次启动时要做的事情，Update 单元指的是每帧该单元应该做的事情。Start 单元往往用于进行初始化工作，而 Update 单元用于更新系统的某些状态。

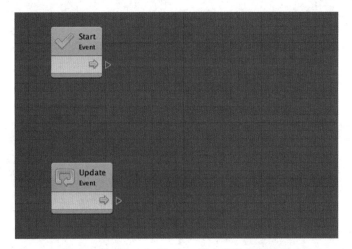

图 10-13　Start 和 Update 两个事件处理单元

在 Start 的控制流输出处添加一个 Set Lock State 单元，如图 10-14 所示。

Set Lock State 单元用于将系统的光标锁定并隐藏光标，接着建立 Update 事件中的一系列控制机制。首先建立两个图级浮点变量 MouseX 和 MouseY，如图 10-15 所示。

在 Update 事件单元处建立根据鼠标的水平位移，决定视角在水平方向的旋转的单元组，如图 10-16 所示。

图 10-14　在 Start 的控制流输出处添加一个
Set Lock State 单元

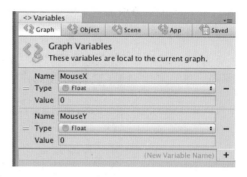

图 10-15　建立两个图级浮点变量
MouseX 和 MouseY

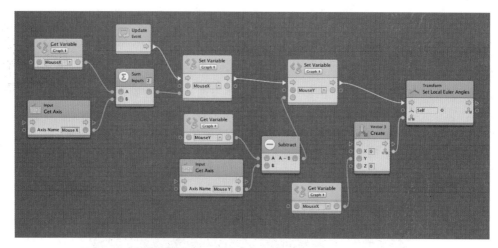

图 10-16　根据鼠标的水平位移决定视角在水平方向的旋转的单元组

该单元组运行时的状态如图 10-17 所示。

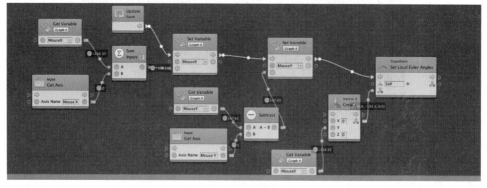

图 10-17　单元组运行时的状态

现在把鼠标的垂直运动方向考虑进去,让摄像机随着鼠标的输入上下移动,如图 10-18 所示。

将检查器中的 Main Camera 的 Tag 设置为 MainCamera,否则会出错,如图 10-19 所示。

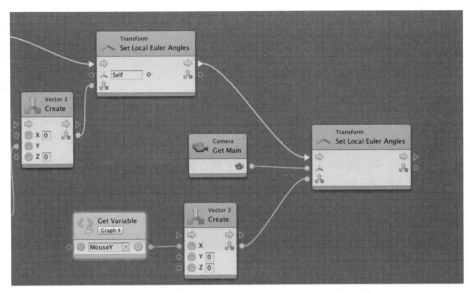

图 10-18　摄像机随着鼠标的输入上下移动

图 10-19　将检查器中的 Main Camera 的 Tag 设置为 MainCamera

这样，摄像机可以上下左右旋转，接着添加让玩家角色能够进行四处走动的逻辑，如图 10-20 所示。

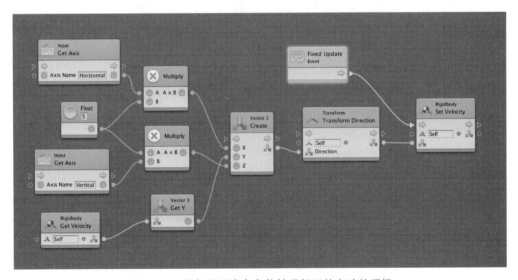

图 10-20　添加让玩家角色能够进行四处走动的逻辑

在每一帧更新中，获得横向和纵向的输入后，通过乘以一个恒定的倍数，合并所获得刚体在 Y 方向上的信息，将运动矢量传送给 Set Velocity 单元。

如果希望玩家角色在按下空格键时跳起来,可以构造跳跃的逻辑流图,如图 10-21 所示。

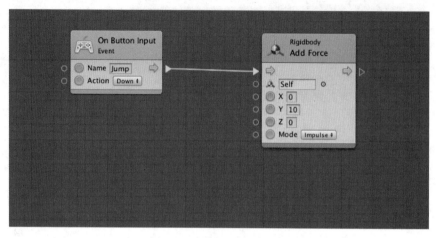

图 10-21　跳跃的逻辑流图

如果按下空格键,玩家就会跳起来,但是如果不断地按空格键,玩家角色会不断地往上跳,这不符合物理规律。因此有必要做出一定的限制:如果玩家在地面上,他能往上跳;如果玩家在空中就不能继续往上跳。因此,在图级别变量中增加一个 Grounded 布尔变量,如图 10-22 所示。

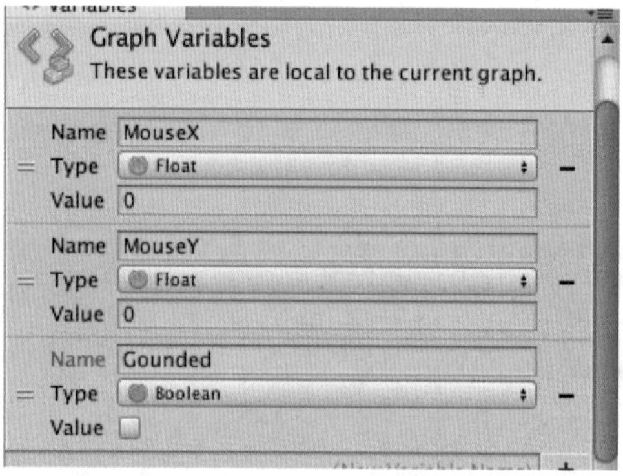

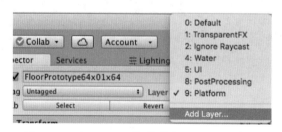

图 10-22　在图级别变量中增加一个 Grounded 布尔变量

这里把 FloorPrototype64x01x64 所在的层设置为 Platform,如何新加一个层呢? 在 Layer 下拉菜单中选择 Add Layer,如图 10-23 所示。

图 10-23　在 Layer 下拉菜单中选择 Add Layer

在空白的地方输入 Platform，如图 10-24 所示。

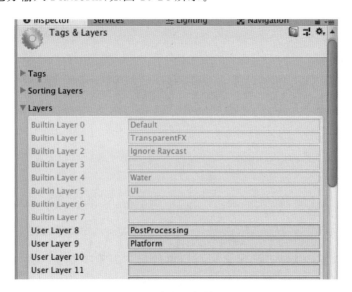

图 10-24　在空白的地方输入 Platform

　　然后在流图里控制跳跃的逻辑添加相应控制逻辑，这样即便玩家跳起来，在空中也不会发生第二次跳跃，这样就比较符合物理规律了，如图 10-25 所示。

　　至此，用 Bolt 完成了一个简单的第一人称控制器。

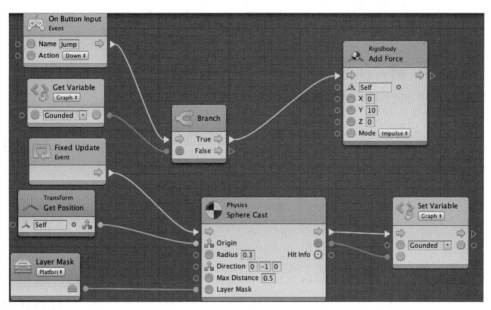

图 10-25　在流图里控制跳跃的逻辑添加相应控制逻辑

## 第11章

建立一个简单的第三人称控制器

本章将从零开始建立一个简单的第三人称控制器。用 Unity 建立一个新项目,名为 ThirdPersonDemo,增加 Bolt 和 Standard Assets 两个 Unity 包,如图 11-1 所示。

Asset packages	Asset packages
☐ Unity Chan Model	☐ Shader Calibration Scene
☐ 2D Platformer	☐ Skybox Series Free
☐ Amplify Shader Editor	☐ Soldiers Pack
☐ AQUAS Water/River Set	☑ Standard Assets
☑ Bolt	☐ Substance in Unity
☐ DOTween (HOTween v2)	☐ Survival Shooter Tutorial
☐ Endless Turns: Complete Game Template	
Deselect all Done	Deselect all Done

图 11-1　增加 Bolt 和 Standard Assets 两个 Unity 包

单击 Done 按钮,完成项目的简单初始化。完成 Bolt 的一系列初始化设置以后(如前所述,这里不再赘述),本书准备开始建立简单的场景。

11.1　建立测试第三人称控制器的场景

先构造用于测试第三人称控制器的简单场景,选择项目视图中的 Assets 文件夹下的 Standard Assets/Prototyping/Prefabs 下的 FloorPrototype64x01x64 预制件并拖动到 Hierarchy 窗格中,此时其 Transform 信息如图 11-2 所示。

视频讲解

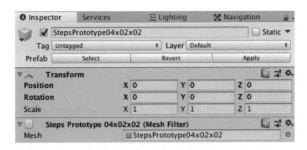

图 11-2　FloorPrototype64x01x64 的 Transform 信息

再用同样的方法把位于/Assets/Standard Assets/Prototyping/Prefabs 下的 Steps-Prototype04x02x02 预制件拖动到 Hierarchy 窗格中,其 Transform 信息如图 11-3 所示。

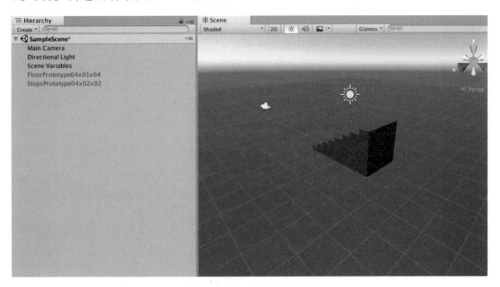

图 11-3　StepsPrototype04x02x02 的 Transform 信息

此时初步构造的场景如图 11-4 所示。

图 11-4　初步构造的场景

在 Unity 编辑器的菜单栏中选择 Assets→Import Package→Custom Package 命令,如图 11-5 所示,导入本书提供的 Miku.unitypackage 文件。该 Unity 包文件含有《初音未来》中动画角色的三维模型及其相应的动画。

该人物的动画控制器 PlayerAC 位于项目文件夹 Assets/model 中的 PlayerAC.controller 文件,动画控制器的内部逻辑如图 11-6 所示。

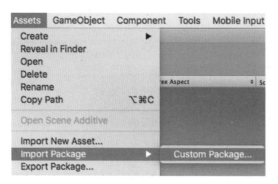

图 11-5　增加 Custom Package

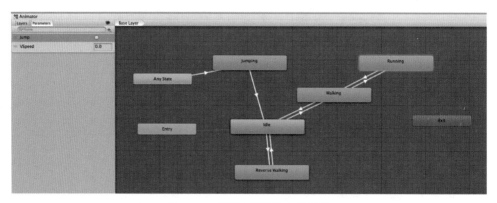

图 11-6　动画控制器的内部逻辑

该动画控制器有休闲(Idle)、往前走(Walking)、跑步(Running)、跳跃(Jumping)以及 Reverse Walking(倒走)5 个状态,各个状态之间的切换条件如下所述。

- 在任何状态下,触发器参数 Jump 可触发跳跃事件,然后无条件切换到 Idle。
- 当 VSpeed 大于 0.1 时,从休闲状态切换到往前走状态;而当 VSpeed 小于 0.1 时, 从往前走状态切换到休闲状态。
- 当 VSpeed 大于 5 时,从往前走状态切换到跑步状态;当 VSpeed 小于 5 时,从跑步 状态切换到往前走状态。
- 当 VSpeed 小于 −0.1 时,从休闲状态切换到倒走状态;当 VSpeed 大于 −0.1 时,从倒走状态切换到休闲状态。

将项目文件夹 Assets/model 中的 Miku@Idle 拖动到 Hirearchy 视图中,将 Animator 中的 Controller 指定为 PlayerAC, 如图 11-7 所示。

为其添加 Character Controller 组件, Character Controller 则必须根据 Miku 在场景中的实际大小进行调整,调整到绿色胶囊

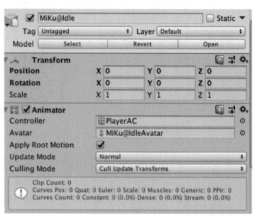

图 11-7　将 Animator 中的 Controller
指定为 PlayerAC

状的外轮廓恰好包裹住 Miku 的身体，并且其中心位于 Miku 的正中心附近，如图 11-8 所示。

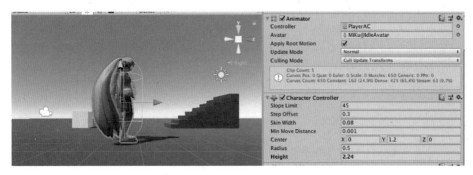

图 11-8　调整 Character Controller 的外轮廓

然后在 Hierarchy 视图中的 MiKu@Idle 下建立一个名为 OrbitPoint 的空的游戏对象用来作为摄像机旋转和朝向的参考点，将其 Transform 设置为如图 11-9 所示。

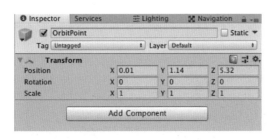

图 11-9　OrbitPoint 的 Transform 设置

11.2　为第三人称控制器建立流机器

在场景搭建完毕以后，需要给第三人称控制器添加相应的控制逻辑，而这些控制逻辑由名为 PlayerController 的宏来实现。在 MiKu@Idle 下建立一个名为 PlayerController 的流机器，流机器的宏存储在 Assets/Macros 中，在流图中设置 4 个变量，如图 11-10 所示。

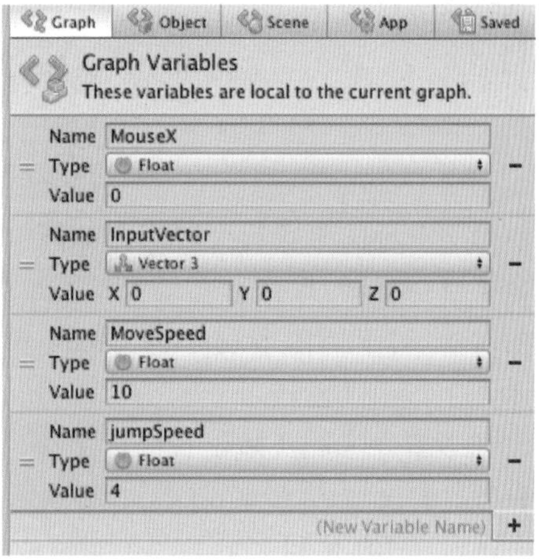

然后为响应鼠标水平移动添加单元组，如图 11-11 所示。

该单元组获取鼠标在水平方向的移动，并把移动转换成绕 Y 轴（垂直向上）旋转的角度，并对于所附着的物体进行转动。

接着获取键盘的输入生成相应的输入矢量，如图 11-12 所示。该单元组则是获取键盘上的横向输入轴（左右方向键或者 A 和 D 键）以及纵向输入轴（上下方向键或者 W 和 S 键）控制物体在 XZ 平面上运动，由于 Y 方向没有输

视频讲解

图 11-10　在流图中设置 4 个变量

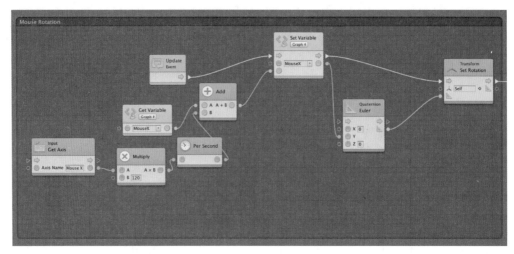

图 11-11　响应鼠标水平移动的单元组

入参与运动,可以把 Y 分量设置为 0,获得水平方向的运动矢量后,乘以 MoveSpeed,从而生成 InputVector。

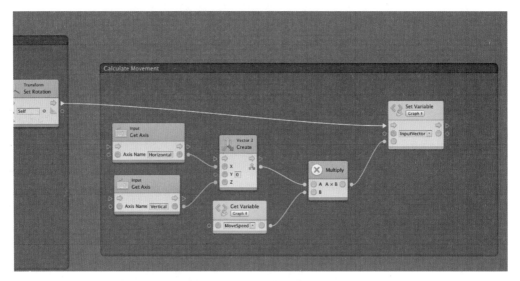

图 11-12　生成相应的输入矢量

第三人称的跳跃行为的流图如图 11-13 所示。该流图设置第三人称玩家的跳跃行为,当按下空格键时,检查玩家是否和下方物体有接触,如果有接触,则允许发生跳跃。生成跳跃的时候,对于所附着物体的 Character Controller 施加一个向上的速度,同时设置跳跃动画。

在更新玩家的实际位置的流图中,根据输入的 InputVector 更新 Character Controller 的位置,并设置动画控制器中 VSpeed 的参数,如图 11-14 所示。VSpeed 的参数取 InputVector 的 X 和 Z 分量的绝对值的最大值,同时考虑 Character Controller 和垂直向下的物体,如果有接触,立即将 Y 方向的速度设置为 0,以确保玩家位于水平面上。

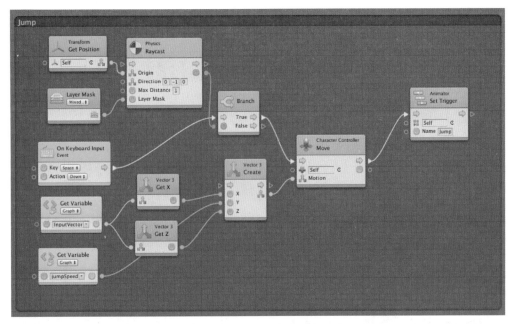

图 11-13　第三人称的跳跃行为的流图

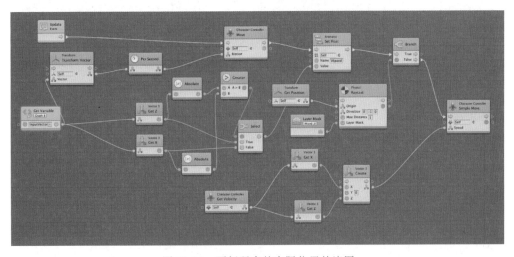

图 11-14　更新玩家的实际位置的流图

11.3　建立摄像机的流机器

视频讲解

虽然第三人称控制器建立完成了,但是如果这时运行游戏,第三人称角色在 A、W、S、D 键的控制下很快就会在画面中消失。因此,迫切需要一个能够实时看到该角色运动状况的摄像机,现在建立由鼠标控制的围绕 MiKu 旋转的摄像机。首先选定在 Hierarchy 视图中的 Main Camera 游戏对象,为其增加名为 CameraView 的流机器,设置对象级别的 Target 变量,并将其指向 MiKu@Idle 下的

OrbitPoint。同时在图中设置图级别的浮点型的 MouseX 和 MouseY 变量。建立摄像机的流机器,如图 11-15 所示。

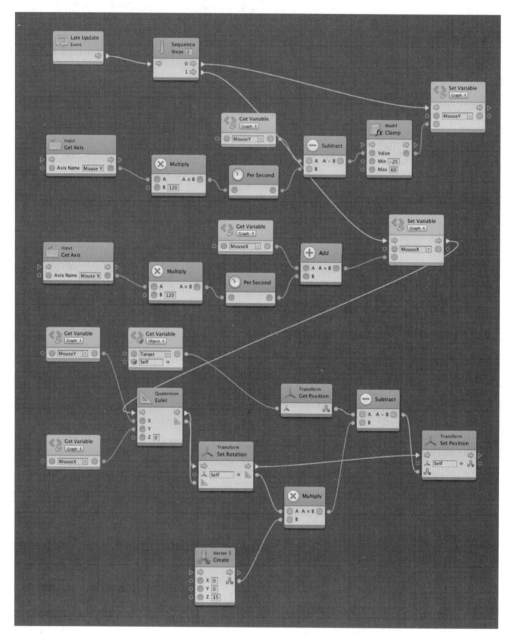

图 11-15　摄像机的流机器

鼠标的横向移动在前面的控制 MiKu 的运动方向的机器图里面已经见过,而鼠标纵向移动是利用 Clamp 函数将变化的角度限制在 $-25°\sim+60°$,同时将摄像机指向要环绕的对象,从而完成摄像机对于对象的跟踪和环绕。至此,本书就用 Bolt 完成了一个简单的第三人称控制器,并可用鼠标的转动控制其面朝的方向,用方向键或者 W、A、S、D 键控制其运动方向和速度,按下空格键,第三人称玩家还可以发生跳跃。

第12章
构造简单的非玩家人物

在第 11 章的基础上,利用先前已经构造的场景,建立一个由 Bolt 控制的简单非玩家人物(NPC),让其具有简单的智能。首先在 Unity 的资源商店获得免费的 Fantasy Monster-Skeleton 资源作为 NPC 的形象,如图 12-1 所示。

图 12-1　免费的 Fantasy Monster-Skeleton 资源

12.1　建立游戏场景

视频讲解　　视频讲解

为了测试 NPC,需要建立一个场景,利用摆放和拉伸 Cube 三维原始游戏对象构造迷宫场景,如图 12-2 所示。

接着把 FloorPrototype64x01x64 和这些 Cube 设置为 Static,为生成导航路径图做好准备,如图 12-3 所示。

将 Assets 文件夹中的 FantasyMonster/Skeleton/Ani/Skeleton@Idle. FBX 拖动到 Hierarchy 视图中,并将 NPC 的 Transform 设置为如图 12-4 所示。

建立一个名为 Skeleton 的 Animator Controller,如图 12-5 所示。

图 12-2　迷宫场景

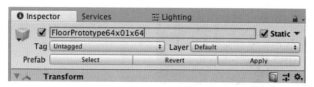

图 12-3　把 FloorPrototype64x01x64 和这些 Cube 设置为 Static

图 12-4　NPC 的 Transform 设置

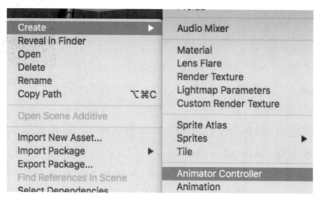

图 12-5　建立 Animator Controller

将 Skeleton@Attack、Skeleton@Idle 以及 Skeleton@Run 拖动到 Animator 视图中,形成 NPC 的动画状态图,如图 12-6 所示。

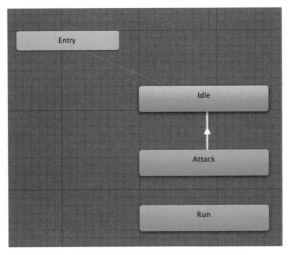

图 12-6　NPC 的动画状态图

图 12-6 表示的是,如果 Attack(攻击)动画完成,则立即无条件切换到 Idle(闲)动画。之后将名为 Skeleton 的 Animator Controller 放置到 Animator 组件的 Controller 处,如图 12-7 所示。

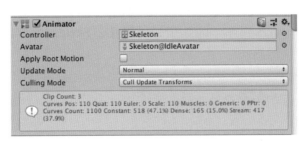

图 12-7　放置 Skeleton 的 Animator Controller

接着为 NPC 增加 Capsule Collider,调整其 Radius 和 Height,使得胶囊碰撞检测器恰好包住骷髅的主体,如图 12-8 所示。

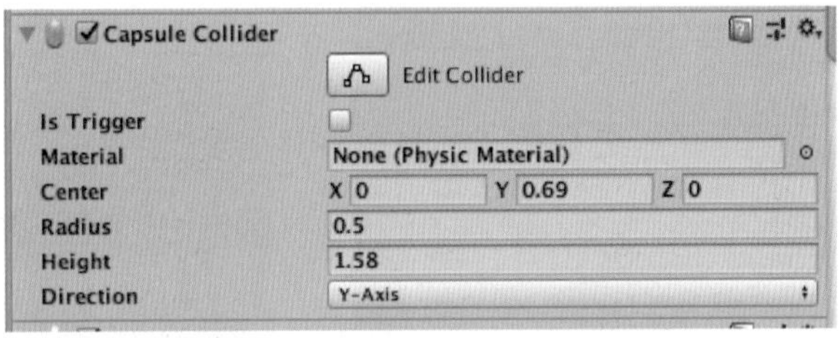

图 12-8　为 NPC 增加 Capsule Collider

为 NPC 增加 Nav Mesh Agent 组件,调整 Radius 和 Height,如图 12-9 所示。
使外围的圆柱恰好包住刚刚建立的胶囊碰撞检测器,如图 12-10 所示。

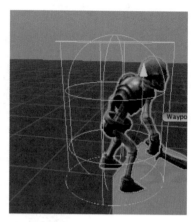

图 12-9　为 NPC 增加 Nav Mesh Agent 组件　　　　图 12-10　包住胶囊碰撞器

在 Hierarchy 视图中选择 FloorPrototype64x01x64,在 Unity 编辑器的菜单栏中选择 Window→AI→Navigation 命令开启 Navigation 面板,如图 12-11 所示。

在 Agent Radius 中输入 Skeleton 游戏对象的 Nav Mesh Agent 的 Radius,在 Agent Height 中输入 Skeleton 游戏对象的 Nav Mesh Agent 的 Height,单击 Bake 按钮烘焙 Agent 可以行走的范围。在 Scene 视图中可以看见 FloorPrototype64x01x64 的表面中一部分显示出淡蓝色,淡蓝色区域表示这个具有 Nav Mesh Agent 的 NPC 能够到达的地方。导入本书所提供的 indicator. unitypackage,把 rect 放置在 Skeleton@Idle 游戏对象之下并设置为其子对象,如图 12-12 所示。

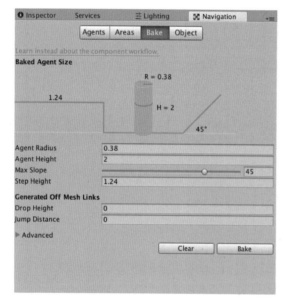

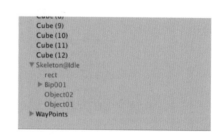

图 12-11　Navigation 面板　　　　　图 12-12　把 rect 放置在 Skeleton@Idle 游戏
　　　　　　　　　　　　　　　　　　　　　　对象之下并设置为其子对象

把 rect 游戏对象放置在骷髅 NPC 的脚下,作为骷髅的视野指示器,如图 12-13 所示。

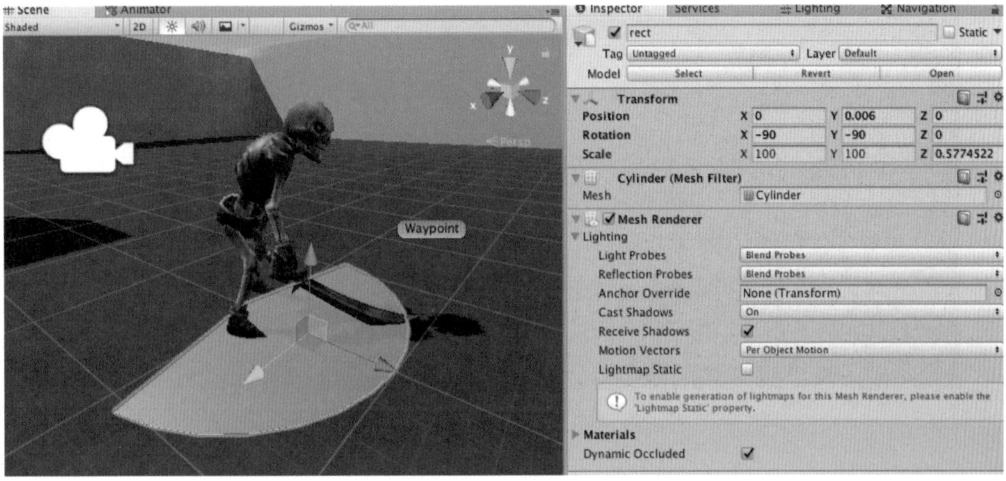

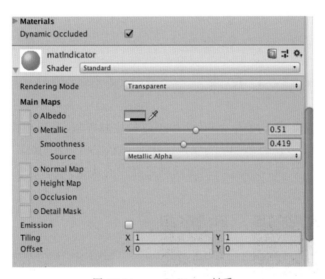

图 12-13　把 rect 游戏对象放置在骷髅 NPC 的脚下

同时建立名为 matIndicator 的材质,并将该材质赋给该 rect 游戏对象,如图 12-14 所示。

图 12-14　matIndicator 材质

在所建立的迷宫场景的 4 个边角附近,分别建立名叫 WayPoint1、WayPoint2、WayPoint3 和 WayPoint4 的 4 个空游戏对象,作为 NPC 巡逻的路径点并将它们的 Tag 均设置为 WayPoint,如图 12-15 所示。

给第 11 章场景中的 StepsPrototype04x02x02 游戏对象添加 Nav Mesh Obstacle 组件,该组件的目的在于阻止含有 Nav Mesh Agent 的游戏对象进入此区域,如图 12-16 所示。

至此,已经把游戏场景设置好了。

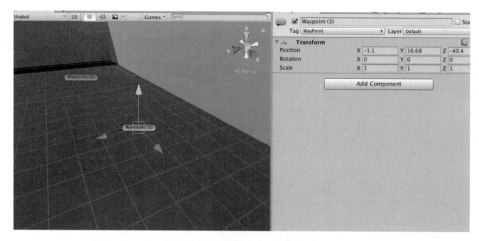

图 12-15　NPC 巡逻的路径点并将 Tag 均设置为 WayPoint

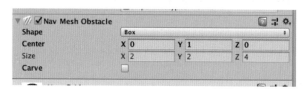

图 12-16　添加 Nav Mesh Obstacle 组件

12.2　给 NPC 装上大脑

在场景搭建完毕以后,需要给 NPC 添加相应的控制逻辑,而这些控制逻辑由状态机来实现。为骷髅 NPC 游戏对象增加名为 EnemyBot 的状态机组件,如图 12-17 所示。

单击 Edit Graph 按钮,在状态机中删除事先存在的状态,右击建立一个名为 Bot AI 的超级状态,如图 12-18 所示。

视频讲解

视频讲解

视频讲解

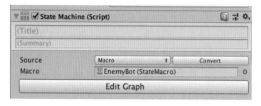

图 12-17　增加名为 EnemyBot 的状态机组件

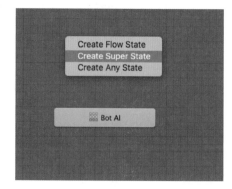

图 12-18　建立一个名为 Bot AI 的超级状态

在这个超级状态中,含有如下 4 个状态。

- Perception(感知):不断更新 NPC 和玩家之间的距离。
- Pratol(巡逻):在没有感知到玩家的时候,NPC 随机地在事先设置的 4 个路径点之间巡逻。
- Chase(追逐):当 NPC 感知到玩家时,朝玩家发起追逐。
- Attack(攻击):当 NPC 足够接近玩家时,对玩家开展攻击。

这些状态之间的转换图如图 12-19 所示。

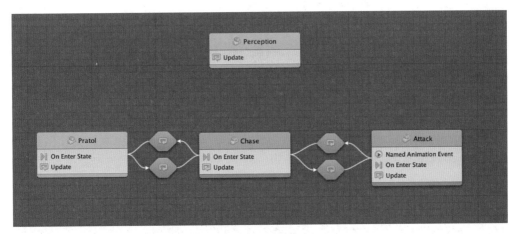

图 12-19　状态之间的转换图

在图 12-19 中可以看到感知和巡逻都是属于起始状态的。下面为此状态图建立对象级变量,如图 12-20 所示。

同时建立场景级变量,其中 MiKu 是由场景中的 MiKu 游戏对象拖动到 Value 处,如图 12-21 所示。

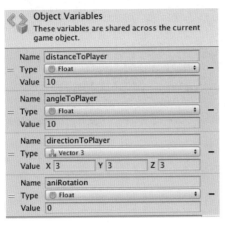

图 12-20　建立对象级变量

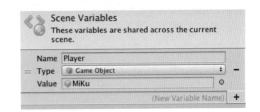

图 12-21　建立场景级变量

在感知状态中,NPC 需要知道玩家离自己多远、玩家相对于自己的角度和方向。要知道玩家离自己的距离可以用距离测算单元组获得,如图 12-22 所示。

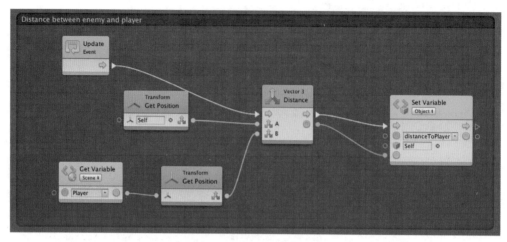

图 12-22　距离测算单元组

图 12-22 中 NPC 获得了自身的位置，同时从场景变量中获取了玩家的位置信息，计算两个位置之间的距离，并把它存储在变量 distanceToPlayer 中。NPC 想要知道玩家相对于自己的角度和方向，可以通过角度和方向测算单元组获得，如图 12-23 所示。

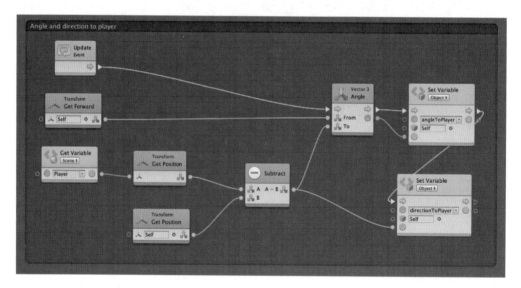

图 12-23　角度和方向测算单元组

图 12-23 中，NPC 先获取自己的前进方向的矢量，然后计算自己到玩家的矢量并存储到 directionToPlayer 变量中，计算两个矢量之间的夹角并存储到 angleToPlayer 变量中。

在巡逻状态中，NPC 需要完成以下步骤的行为。

（1）改变视野指示器(rect)的颜色为淡蓝色。

（2）将 NPC 自身的速度设为一个较低的数值，例如 1.55。

（3）将 NPC 自身的动画设为 run 模式。

（4）在场景中的路径点集合中任选一点，沿着导航网格向该点移动，当接近路径点时，自动切换到随机选择的下一个路径点直到发生状态改变。

前 3 种行为的流图如图 12-24 所示。

图 12-24　前 3 种行为的流图

第 4 种行为的流图参见图 12-25，其中在进入状态的时候，获取所有场景中 Tag 为 WayPoint 的游戏对象集合，在集合中任选一个作为当前目标并存储为 wayPonintGoal 变量，同时设置 wayPointAccuracy 的数值为 3～5 的随机数。这里需要指出的是，在 WayPoint 集合中任选的一个 Random Range 是整数类型单元，而在设置 wayPointAccuracy 的数值为 3～5 的随机数，产生的是浮点类型的 Random Range 单元。

获取所有场景中 Tag 为 WayPoint 的游戏对象集合，在集合中任选一个作为当前目标并存储到 wayPonintGoal 变量的流图逻辑，如图 12-26 所示。

设置 wayPointAccuracy 的数值为 3～5 的随机数，如图 12-27 所示。

NPC 沿着导航网格向选择的路径点移动，当 NPC 接近路径点时，自动切换到随机选择的下一个路径点直到发生状态改变的部分，如图 12-28 所示。

NPC 需要在追逐状态中完成的行为如图 12-29 所示。这些行为如下所述。

（1）改变视野指示器（rect）的颜色为黄色。

（2）将 NPC 自身的速度设为一个较高的数值，例如 7，这样 NPC 表现出是冲向玩家的。

（3）将 NPC 自身的动画设为 run 模式，并将自身的 Nav Mesh Agent 的 Destination 设置为玩家所在的位置。

NPC 在此状态下要对玩家发起攻击，首先设置视野指示器（rect）的颜色为红色，然后把自己的 Nav Mesh Agent 的移动速度设置为 0。以上 NPC 攻击前的初始化动作如图 12-30 所示。

在每帧更新的时候，依据 NPC 自身到玩家的矢量，通过球形插值（Slerp）转动 NPC 使得 NPC 朝向玩家并同时播放攻击（Attack）动画，如图 12-31 所示。球形插值运算中的 T 代表的是百分比，直接对其赋以时间值（如 Time. deltaTime）是没意义的，因为如果 T 为 1 的话，永远都不会到达目标值。

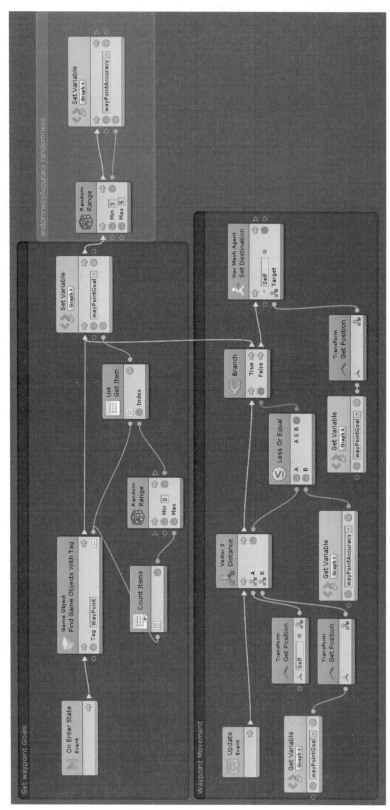

图 12-25　第 4 种行为的流图

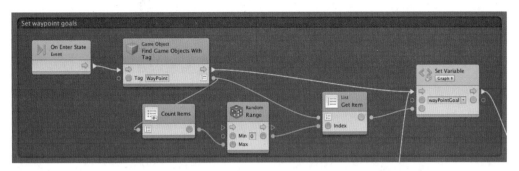

图 12-26　选择目标并存储到 wayPonintGoal 变量的流图逻辑

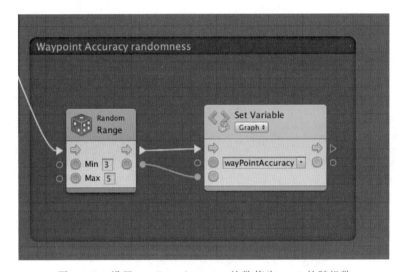

图 12-27　设置 wayPointAccuracy 的数值为 3～5 的随机数

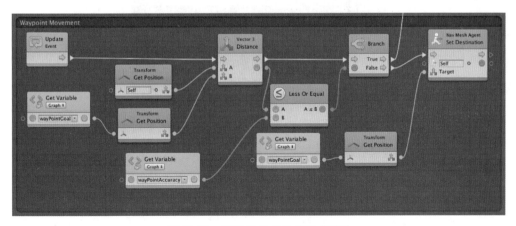

图 12-28　NPC 向选择的路径点移动

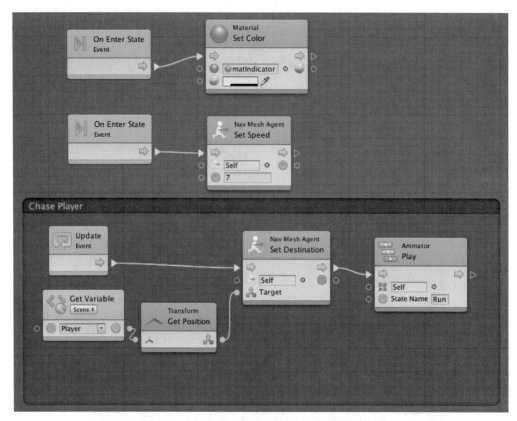

图 12-29　NPC 需要在追逐状态中完成的行为

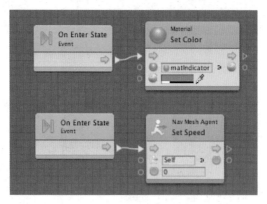

图 12-30　NPC 攻击前的初始化动作

　　但是播放 Attack 动画的时候，需要在 NPC 攻击瞄准玩家时快速地对准玩家的朝向，而在结束攻击时恢复正常的播放速度。因此需要在 Attack 动画中增加相应的动画事件，并在事件中做出相对应的响应。但是在 Unity 编辑器的菜单栏中选择 Window→Animation→Animation 命令，在动画窗口中处理资产导入后的动画的时候，会发现该动画处于只读状态，无法为其增加相应的动画事件，如图 12-32 所示。

　　解决这个问题有一个小窍门：在 Project 视图中选择要增加动画事件的动画，在本例中

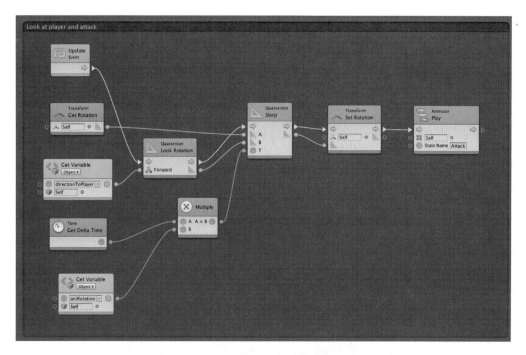

图 12-31 通过球形插值转动 NPC 使得 NPC 朝向玩家并同时播放 Attack 动画

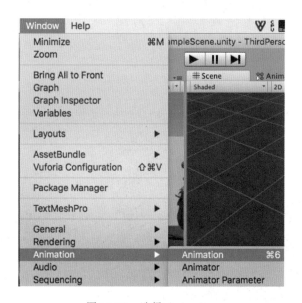

图 12-32 选择 Animation

是 Attack,按住 Ctrl(Mac 下为⌘)+D 快捷键,会在 Project 窗口中看到一个新的 Attack 动画,同时替换原来 Animator 窗口中对应的动画为这个新复制的动画,如图 12-33 所示。

此时,再到 Animation 窗口中,发现可以给动画增加动画事件了,如图 12-34 所示。

选择 Attack 动画,拖动时间轴指示器 到 0:25 和 1:00 中间的位置,可以看到骷髅开始挥刀瞄准的状态,如图 12-35 所示。

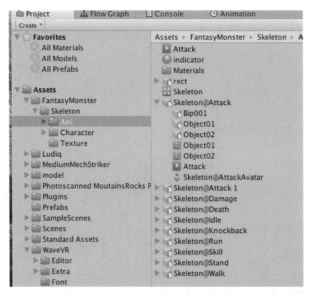

图 12-33　在 Project 窗口中看到一个新的 Attack 动画

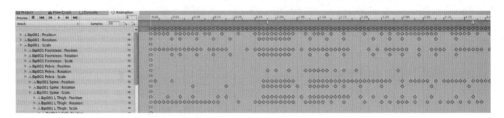

图 12-34　给动画增加动画事件

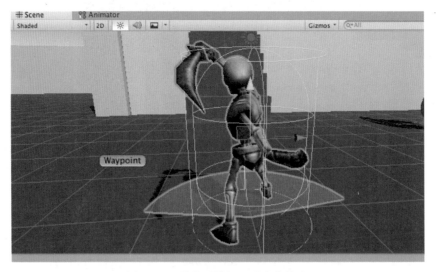

图 12-35　骷髅开始挥刀瞄准的状态

在此处，用鼠标单击加号按钮 ，为其添加类型为 TriggerAnimationEvent（Animation-Event）的 String 名称为 TakeAim 的动画事件，如图 12-36 所示。

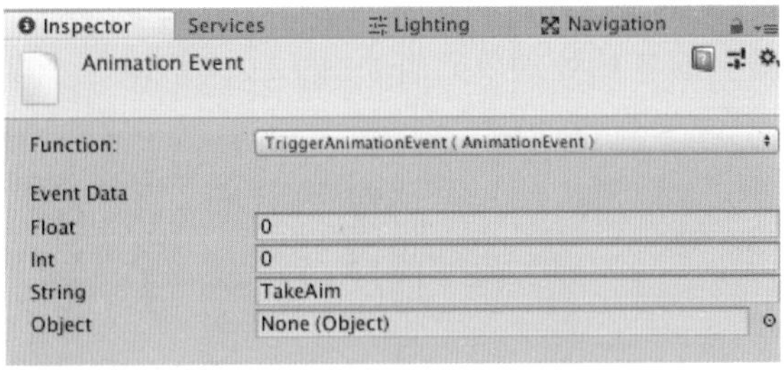

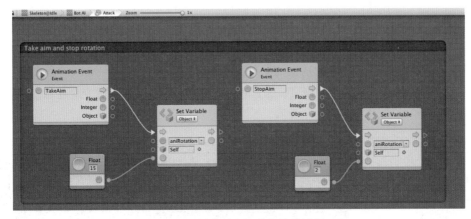

图 12-36　添加类型为 TriggerAnimationEvent

然后再在 2:15~2:20 的位置，NPC 把刀放下的时候，建立另一个类型为 Trigger-AnimationEvent（Animation Event）的 String 为 StopAim 的动画事件。同时在 Attack 子状态下建立动画事件响应的单元组，如图 12-37 所示。让 NPC 在 TakeAim 动画事件发生的时候设置 aniRotation 为 15，在 StopAim 动画事件发生的时候设置 aniRotation 为 2。

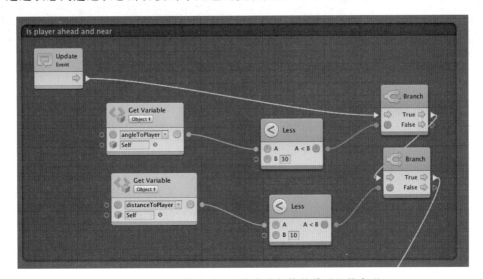

图 12-37　动画事件响应的单元组

巡逻状态到追逐状态的切换的单元组的实现如图 12-38 所示。

图 12-38　巡逻状态到追逐状态的切换的单元组的实现

此单元组用于检测 NPC 前进方向到玩家的角度是否在 30°以内,并且距离玩家小于 10 个单位的时候,完成的看到玩家的处理单元组如图 12-39 所示。

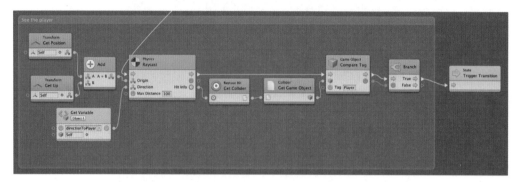

图 12-39　看到玩家的处理单元组

图 12-39 首先获得 NPC 的位置,并从该位置沿着 directionToPlayer 矢量发射 Raycast 碰撞检测器,如果碰撞检测器检测到了物体,并且物体的 Tag 是 Player,则发生状态转移。

实现追逐状态到巡逻状态的切换的条件是检测 NPC 前进方向到玩家的角度是否大于或等于 30°,并且距离玩家大于或等于 10 个单位的时候,进行状态切换。追逐状态到巡逻状态的切换单元组的流图如图 12-40 所示。

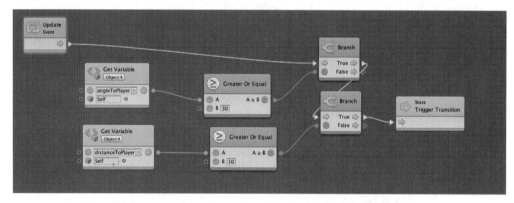

图 12-40　追逐状态到巡逻状态的切换单元组的流图

实现追逐状态到攻击状态的切换的条件是检测 NPC 前进方向到玩家的角度是否小于 60°,并且距离玩家小于 4 个单位的时候,进行状态切换。追逐状态到攻击状态的切换单元组的流图如图 12-41 所示。

攻击状态到追逐状态的切换的单元组的流图如图 12-42 所示。此单元组用于检测到玩家的距离,如果大于 5,则在完成当前动画以后,进行状态切换。其中,Get Normalized Time 用于获取当前动画所完成播放的比例,其值为 0 则重新开始新的动画。

至此,简单的 NPC 已经构造完成。

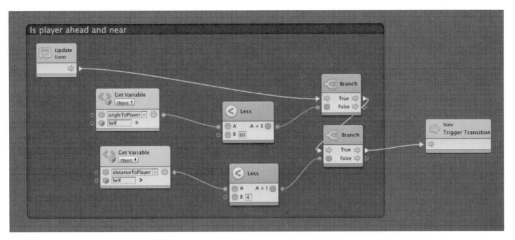

图 12-41　追逐状态到攻击状态的切换单元组的流图

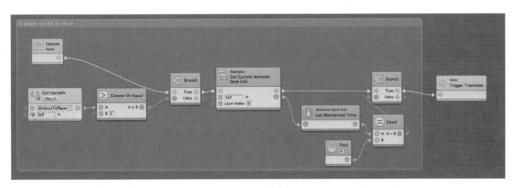

图 12-42　攻击状态到追逐状态的切换的单元组的流图

第13章

Roll a Ball游戏

本章介绍利用 Bolt 实现一个在平板上通过移动小球来拾取目标的游戏。一旦小球拾取完所有的目标,游戏结束。本章还介绍把此游戏移植到手机上,利用手机上的加速计完成对小球的控制。

13.1 游戏场景构建

视频讲解

用 Unity 建立一个新项目,命名为 Roll a Ball,增加 Bolt 和 Standard Assets 两个 Unity 包,如图 13-1 所示。

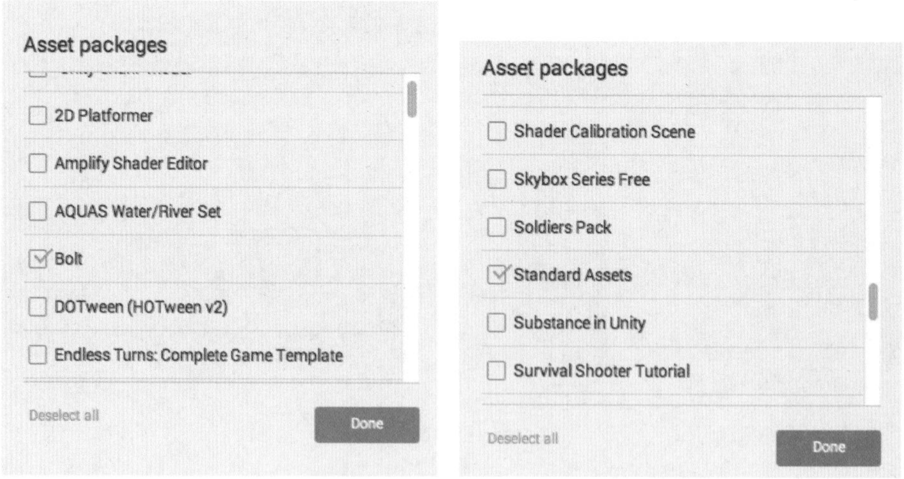

图 13-1 增加 Bolt 和 Standard Assets 两个 Unity 包

单击 Done 按钮,完成项目的简单初始化。完成 Bolt 的一系列初始化设置以后(如前所述,这里不再赘述),接着准备开始建立简单的场景。

在 Hierarchy 视图中右击 Unity 编辑器,在弹出的快捷菜单中选择 3D Object→Plane 命令,建立 Plane 3D 游戏对象,如图 13-2 所示。

同时建立在 Assets 目录下建立 Materials 目录,在目录内右击,在弹出的快捷菜单中选择 Creat→Material 命令,建立名为 Ground 的材质,Ground 的材质配置如图 13-3 所示。

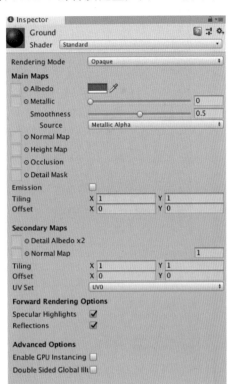

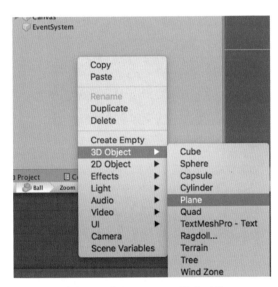

图 13-2　建立 Plane 3D 游戏对象　　　　图 13-3　Ground 的材质配置

Plane 游戏对象的 Transform 信息如图 13-4 所示。

同时在 Plane 对象的 4 个边分别用三维游戏对象 Cube 通过拉伸、平移等方法放置 4 面墙,如图 13-5 所示。

将这 4 面墙分别命名为 West Wall、East Wall、South Wall 以及 North Wall,并且让 West Wall、East Wall、South Wall 成为 Walls 的子游戏对象,如图 13-6 所示。

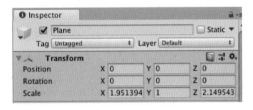

图 13-4　Plane 游戏对象的 Transform 信息

再建立一个名为 PickUp 的 Cube 三维游戏对象,同时把 Tag 设置为 PickUp,开启其 Box Collider 的 Is Trigger,使得其他游戏对象可以进入,并且触发 On Trigger Enter 事件,如图 13-7 所示。

同时给该对象添加刚体组件,为其指定名为 Pickup 的材质,Pickup 的材质配置如图 13-8 所示。

把 Hierarchy 视图中的 PickUp 对象拖动到该目录下形成一个预制件。在 Hierarchy 视图中按下 Ctrl(Mac 下为 ⌘)＋D 快捷键,通过复制预制件后平移的方法构造出一个圆环,如图 13-9 所示。

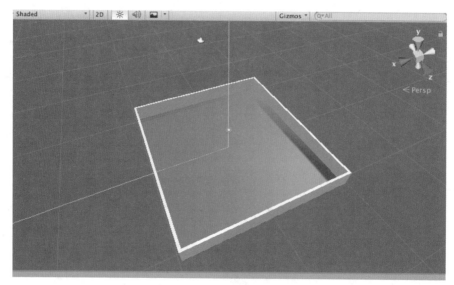

图 13-5　放置 4 面墙

图 13-6　成为 Walls 的子游戏对象

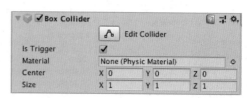

图 13-7　开启 Box Collider 的 Is Trigger

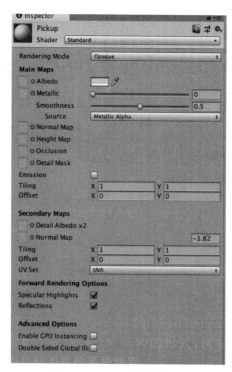

图 13-8　Pickup 的材质配置

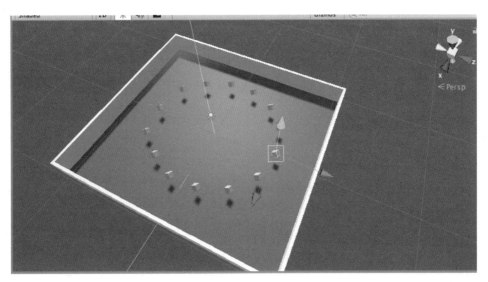

图 13-9　构造出一个圆环

在 Hierarchy 视图中建立一个名为 Pickups 的空对象,并且把这一 Pickup 对象集合变成 Pickups 的子游戏对象,如图 13-10 所示。

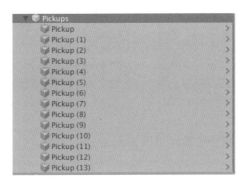

图 13-10　Pickup 对象集合

再在 Hierarchy 视图中建立一个名为 Ball 的三维球体游戏对象,Tag 设置为 Player,Ball 对象的 Transform 信息如图 13-11 所示。

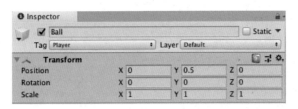

图 13-11　Ball 对象的 Transform 信息

在 Hierarchy 视图中右击 Unity 编辑器,在弹出的快捷菜单中选择 UI→Text 命令,创建名为 ScoreText 的 UI 文本,ScoreText 的 UI 文本的配置信息如图 13-12 所示。

再创建名为 WinText 的 UI 文本,使其位于屏幕的中央,WinText 的 UI 文本的配置信息如图 13-13 所示。

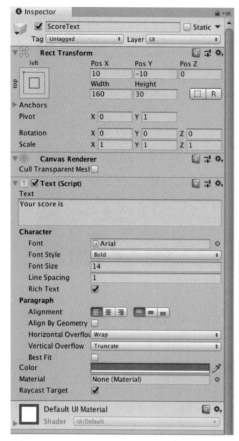

图 13-12　ScoreText 的 UI 文本的配置信息

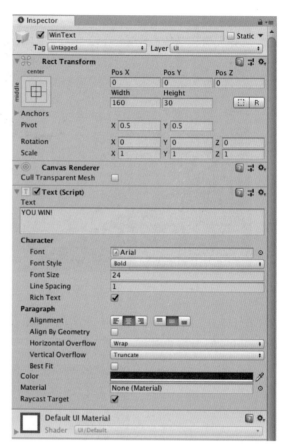

图 13-13　WinText 的 UI 文本的配置信息

该 WinText 在游戏视图中的显示情况如图 13-14 所示。

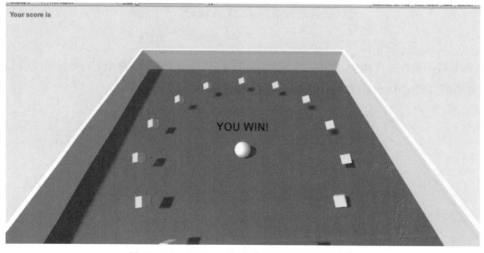

图 13-14　WinText 在游戏视图中的显示情况

最后让 WinText 文本暂时失效,其目的是在玩家游戏通关时显示该信息,而不是在游戏进行中显示该信息,如图 13-15 所示。

至此游戏场景已经设置完毕。

图 13-15　让 WinText 文本暂时失效

13.2　游戏逻辑构建

视频讲解

在游戏场景构建完成之后,需要添加相应的游戏逻辑。首先注意到,原先游戏场景里的黄色的拾取物品是静止不动的,这样略显得有些枯燥,这里只需要一个简单的流图就能让该拾取物品旋转起来。在 Hierarchy 视图中选择 Pickup 对象,为 Pickup 游戏对象添加流机器并指定宏名称为 Pickup,并应用到所有预制件,如图 13-16 所示。

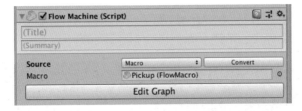

图 13-16　为 Pickup 游戏对象添加流机器并指定宏名称为 PickUp

Pickup 的流图如图 13-17 所示。其作用是让游戏对象每秒沿着 X、Y 和 Z 轴旋转 30°。

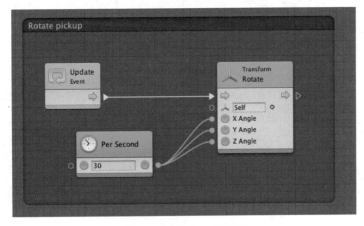

图 13-17　Pickup 的流图

13.2.1　控制球的运动

如何利用流图来接收输入并控制球的运动呢? 首先建立场景级变量。场景级变量的设置如图 13-18 所示。

接着建立对象级变量。对象级变量的设置如图 13-19 所示。

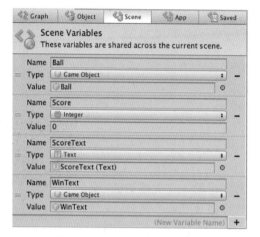

图 13-18　场景级变量的设置

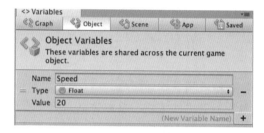

图 13-19　对象级变量的设置

在 Hierarchy 视图中选择 Ball 对象,为其添加流机器并指定宏名称为 Ball。通过键盘上的 W、A、S、D(或者上、下、左、右方向键)控制小球的运动,给小球一个持久的推力,控制小球运动的单元组如图 13-20 所示。

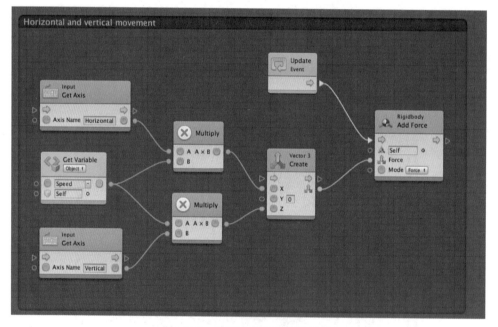

图 13-20　控制小球运动的单元组

当小球在运动过程中碰到 Tag 含有 Pickup 的对象时,使得碰到 Tag 含有 Pickup 的对象失效,最后接着序列操作,如图 13-21 所示。

序列操作的第一步:首先将分数(Score)相加一并存储到 Score 变量中,然后把"Your score is"和分数的数值连接在一起的字符串设置为 GUI 上的文本信息,如图 13-22 所示。

序列操作的第二步:判定分数(Score)是否已经等于 14(即场景中所放置的拾取物的总数目),如果等于,则显示通关消息,把 WinText 设置为有效,如图 13-23 所示。

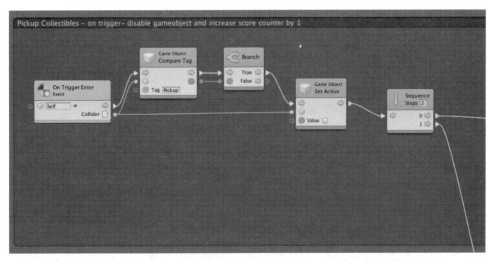

图 13-21　使得碰到 Tag 含有 Pickup 的对象失效

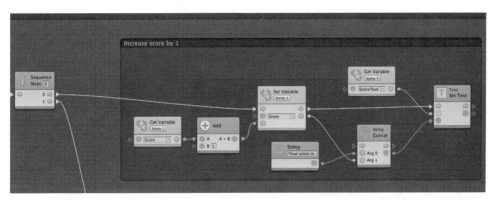

图 13-22　序列操作的第一步

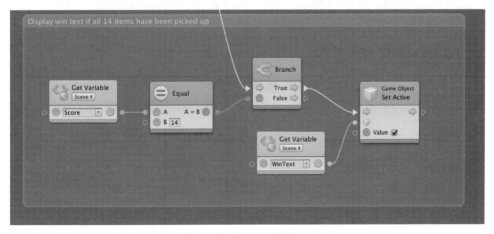

图 13-23　序列操作的第二步

在开始事件处，获取 Score 变量的内容，将其和"Your score is"字符串拼接，并把拼接后的内容显示到 ScoreText 上。显示初始成绩的流图如图 13-24 所示。

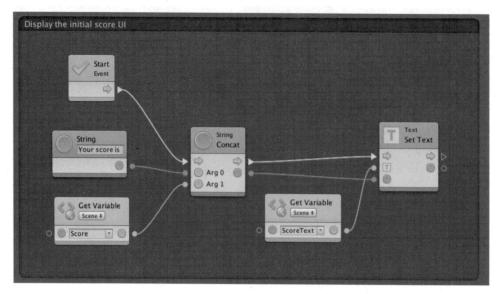

图 13-24　显示初始成绩的流图

13.2.2　摄像机跟随球运动

球现在虽然能运动了,但是在运动过程中会在屏幕中消失。如何让摄像机跟随球运动呢?可以这样做:在 Hierarchy 视图中选择 Main Camera,设置其 Tag 为 MainCamera,通过旋转和平移操作,把摄像机对准小球,如图 13-25 所示。

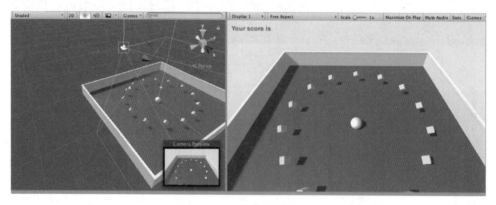

图 13-25　把摄像机对准小球

同时建立对象级变量,摄像机的对象级变量如图 13-26 所示。

在 Hierarchy 视图中选择 Main Camera 对象,为其添加流机器并指定宏名称为 Camera,在 Start 事件处获得摄像机与小球的位置差并存储到 Offset 变量中,如图 13-27 所示。

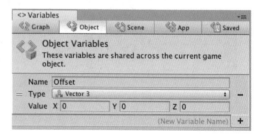

图 13-26　摄像机的对象级变量

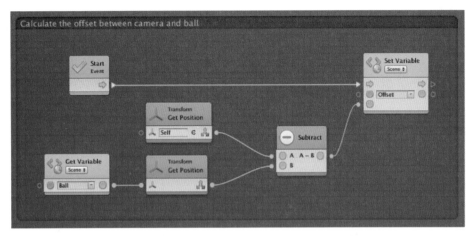

图 13-27　获得摄像机和小球的位置差并存储到 Offset 变量中

在每帧的更新事件处获得摄像机的位置和与小球的偏差（存储于 Offset 变量中），把偏差叠加到当前摄像机的位置，并把摄像机的位置设置为该新位置，更新摄像机新位置的流图如图 13-28 所示。

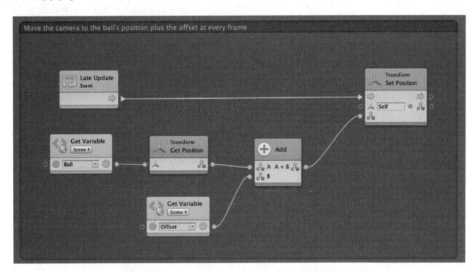

图 13-28　更新摄像机新位置的流图

13.3　移植到手机端

视频讲解

下面介绍把这个游戏移植到手机端，由于手机端一般没有实体键盘，因此需要利用手机上的触摸屏或者运动加速计来完成输入。这里借助手机的加速度传感器的数值来完成输入。首先看一下手机的方向问题。假设手机此时平行于地面，并且 Home 键在右手边，那么重新映射设备加速计的坐标轴给游戏坐标，手机的 XY 平面映射到游戏中的 XZ 平面，手机的 Z 平面映射到游戏的 Y 平面，如图 13-29 所示。

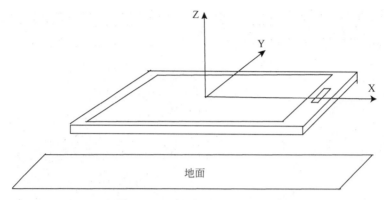

图 13-29　手机的 XY 平面映射

这个时候,对于 Ball 对象,可以把两个 Get Axis 单元和 Multiply 单元断开,加入 Get Acceleration 单元,并获得对应的 X 和 Y 分量,各自连接到 Multiply 单元。重新配置输入单元后的流图如图 13-30 所示。

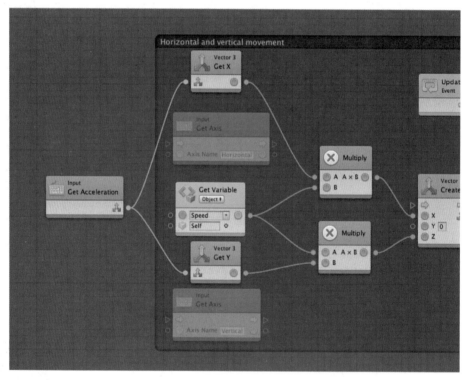

图 13-30　重新配置输入单元后的流图

如果需要用手机作为输入设备,在 Unity 中测试手机端的输入可以在手机上安装 Unity Remote 应用。Google Play 下的 Unity Remote 如图 13-31 所示。

iOS 版本的 Unity Remote 应用可以通过应用商店找到,如图 13-32 所示。

在移动设备上安装好 Unity Remote 并启动,通过 USB 连接至计算机,在 Unity 编辑器的菜单栏中选择 Edit→Project Settings 命令,在 Editor 面板的 Unity Remote 中的 Device 下拉菜单中选择对应的移动设备,如图 13-33 所示。

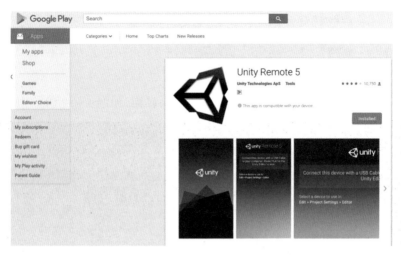

图 13-31　Google Play 下的 Unity Remote

图 13-32　iOS 版本的 Unity Remote 应用

图 13-33　选择对应的移动设备 1

移动设备上应该显示 Unity Remote 的设置指南界面，如图 13-34 所示。

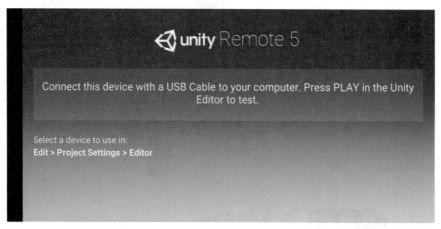

图 13-34　Unity Remote 设置指南界面

在移动设备上安装好 Unity Remote 并启动，通过 USB 连接至计算机，在 Unity 编辑器的菜单栏中选择 Edit→Project Settings 命令，在 Editor 面板的 Unity Remote 中的 Device 下拉菜单中选择对应的移动设备，如图 13-35 所示。

图 13-35　选择对应的移动设备 2

把移动设备通过 USB 连接到计算机，如图 13-36 所示。

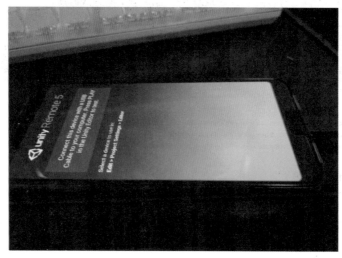

图 13-36　移动设备通过 USB 连接到计算机

在 Unity 编辑器中单击 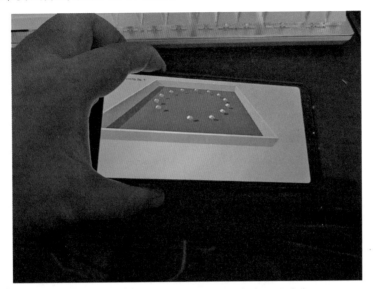 按钮,此时在移动设备上会出现游戏画面,可以用移动设备作为输入设备来测试游戏,如图 13-37 所示。

图 13-37　用移动设备作为输入设备来测试游戏

此时的游戏并不直接在移动设备上运行,所以需要真机调试或者部署该游戏。

13.4　真机部署

13.4.1　安卓平台部署

首先下载并安装 Android Studio,官方下载地址位于 https://developer.android.com/studio/。国内有不少镜像源,例如 http://www.android-studio.org/。在 Mac 平台双击 dmg 文件,打开后的内容如图 13-38 所示。

图 13-38　dmg 文件打开后的内容

拖动 Android Studio 图标到 Applications 目录就完成了安装。打开 Android Studio，在 Configure 下拉菜单中选择 SDK Manager，如图 13-39 所示。

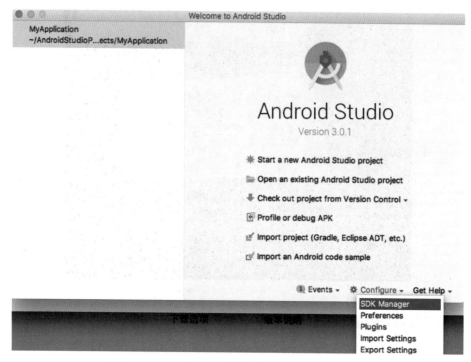

图 13-39　在 Configure 下拉菜单中选择 SDK Manager

在 SDK Manager 中选择手机对应的版本的 SDK，并进行下载，如图 13-40 所示。

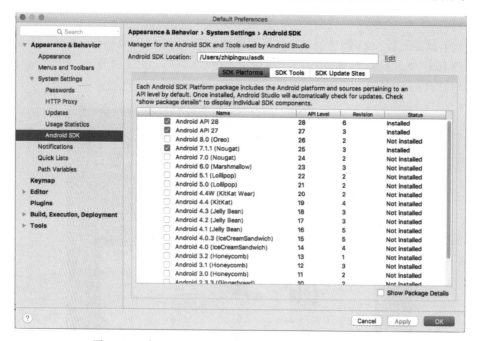

图 13-40　在 SDK Manager 中选择手机对应的版本的 SDK

现将 Android SDK 版本号与 API Level 对应关系及发布时间汇总,如表 13-1 所示。

表 13-1　Android SDK 版本号与 API Level 对应关系及发布时间汇总

平台版本号	API 级别	VERSION_CODE(代号)	发 布 时 间
Android 9.0	28	Pie(馅饼)	2018 年 08 月
Android 8.1	27	Oreo(奥利奥)	2017 年 12 月
Android 8.0	26	Oreo(奥利奥)	2017 年 08 月
Android 7.1.1	25	Nougat(牛轧糖)	2016 年 10 月
Android 7.0	24	Nougat(牛轧糖)	2016 年 08 月
Android 6.0	23	Marshmallow(棉花糖)	2015 年 10 月
Android 5.1	22	Lollipop(棒棒糖)	2015 年 03 月
Android 5.0	21	Lollipop(棒棒糖)	2014 年 11 月

安装完 SDK 后,在 Unity 编辑器的菜单栏中选择 Edit → Preferences 命令打开 Preferences 窗口中的 External Tools,如图 13-41 所示。指定对应的 SDK 所在的目录,该目录和图 13-40 中的指定的 SDK 位置一致。

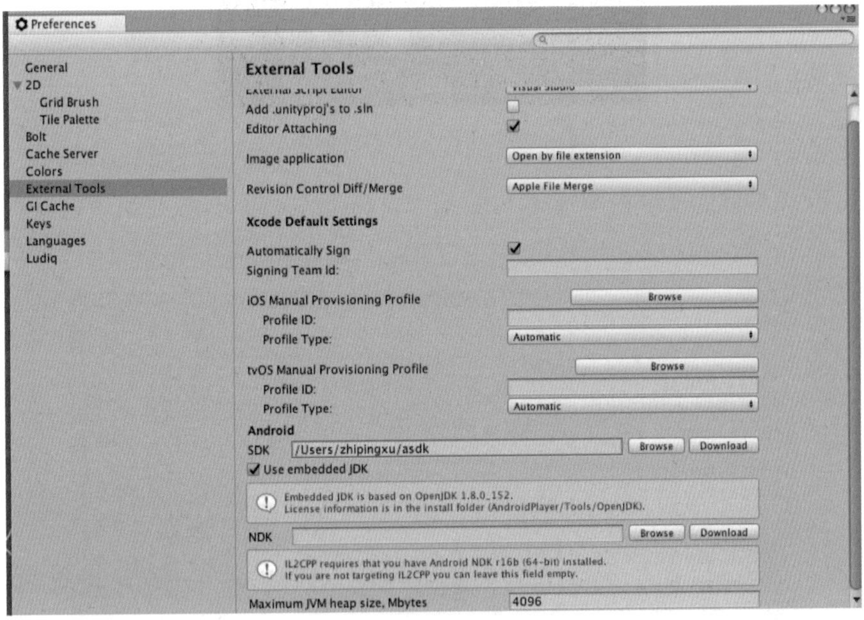

图 13-41　Preferences 窗口中的 External Tools

NDK 需要去安卓官方网站 https://developer.android.com/ndk/downloads/index.html 进行下载。

下载软件并解压后,再在图 13-41 的窗口中指定 NDK 所在的路径。接着通过 USB 将手机连接至计算机。插好 USB 数据线,打开手机的 USB 调试模式(Android 版本不同,打开方式略有不同,一般是连续单击 7 次版本号,再在设置菜单界面找到开发人员选项)。在手机上一般打开的方式是:用手指选择“设置”→“开发人员选项”→“USB 调试”命令。如果计算机是 Windows 7 系统,那么用鼠标选择“开始”→“设备和打印机”命令,找到 Android 设备。正常情况下该 USB 连接立即就能用了,如果在 Android 设备上出现叹号,右击,在弹出的快捷菜单中选择“属性”→“更新驱动程序”命令,指定文件夹到 SDK 所在目录下的

extras\google\usb_driver。在手机首次连接 USB 的情况下,会弹出是否允许 USB 调试的提示,选择允许调试,如图 13-42 所示。

图 13-42　允许 USB 调试的提示

在 Unity 编辑器的菜单栏中选择 File→Build Settings 命令,打开编译设置对话框,如图 13-43 所示。

图 13-43　编译设置

从默认的 PC、Mac & Linux Standalone 平台切换到 Android 平台,等 Unity 完成对应的文件转换后,可以单击 Build and Run 按钮,编译游戏并将其部署到 Android 移动设备上。在单击 Build and Run 按钮之前,先单击 Player Settings 按钮,设置该游戏的制作公司名称、游戏产品名称、版本号、图标等信息,还需要在 Other Settings 中把 Color Space 设置为 Gamma 以及把 Package Name 设置为 com 开头的任意标识符,如图 13-44 所示。

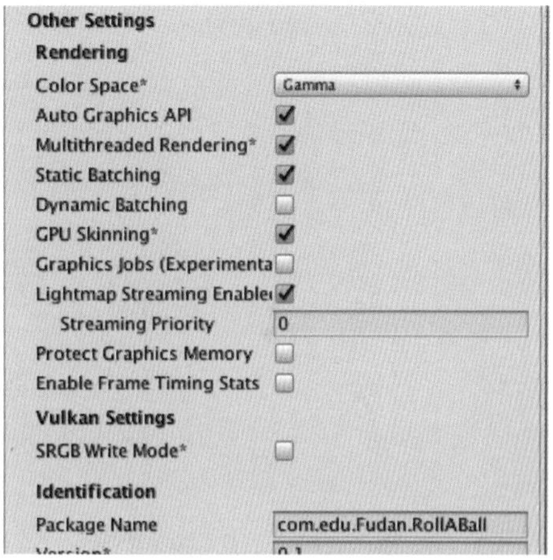

设置完毕以后,在编译设置对话框中单击 Build and Run 按钮,Unity 将会提示开发者提供要存储的 APK 的文件名,如图 13-45 所示。

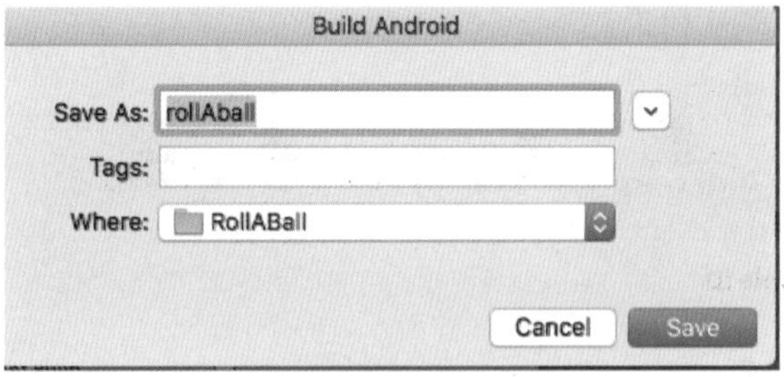

图 13-44 其他设置

图 13-45 提示开发者提供要存储的 APK 的文件名

图 13-46 试图在连接的移动设备上安装游戏

然后 Unity 会把游戏应用打包成 APK 文件,并试图在连接的移动设备上安装游戏,如图 13-46 所示。

单击"继续安装"按钮后,Android 移动端的游戏会自动启动,此时游戏就完成了真机部署,如图 13-47 所示。可把生成的 APK 文件共享给其他人,进行小范围的游戏测试,如需发行到 Google Play 平台,参见 https://docs.unity3d.com/2018.2/Documentation/Manual/android.html 中相关的内容,这里不再叙述。

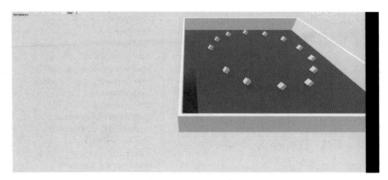

图 13-47　Android 移动端的游戏会自动启动

13.4.2　iOS 平台部署

要想在 iOS 平台部署游戏，首先必须要在 Mac 系统 Xcode 开发环境。访问苹果公司的 Xcode 网站（https://developer. apple. com/xcode/）并下载最新的 Xcode 版本，注册相应的 Apple ID 为开发者账号，并在 Xcode 的编辑器中选择 Xcode→Preferences 命令开启配置窗口，如图 13-48 所示。

在配置窗口的 Accounts 页面输入用户自己注册的 Apple ID，如图 13-49 所示。

在 Xcode 的编辑器中选择 Window→Device and Simulators 命令，如图 13-50 所示。

通过 USB 连接 iPad 或者 iPhone 到计算机，此时 Xcode 会提示给 iOS 设备安装相应的支持包，如图 13-51 所示。

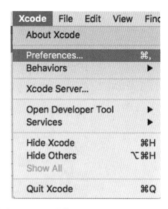

图 13-48　选择 Xcode→Preferences 命令

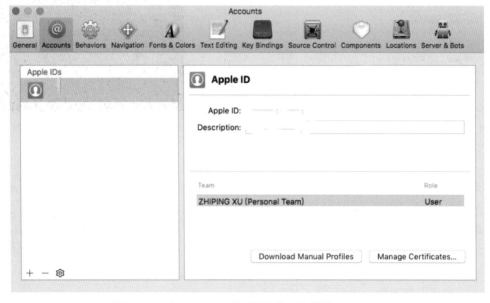

图 13-49　在 Accounts 页面输入自己注册的 Apple ID

图 13-50　选择 Window→Device and Simulators 命令

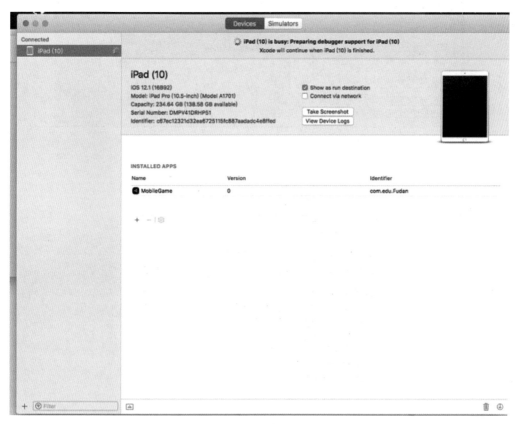

图 13-51　提示给 iOS 设备安装相应的支持包

在 Unity 编辑器的菜单栏中选择 File→Build Settings 命令,单击 iOS 平台,单击 Switch Platform 按钮,完成目标平台切换,如图 13-52 所示。

在真正编译之前,需要对 Bolt 进行 AOT 预编译,在 Unity 编辑器的菜单栏中选择 Tools→Ludiq→AOT Pre-Build 命令,如图 13-53 所示。

图 13-52　目标平台切换

图 13-53　对 Bolt 进行 AOT 预编译

再次在 Unity 编辑器的菜单栏中选择 File→Build Settings 命令，针对 iOS 平台进行编译，单击 Build and Run 按钮，如图 13-54 所示。

Unity 会提示要保存的 iOS 项目名称，如图 13-55 所示。

接着 Unity 会尝试编译该 iOS 项目并显示编译进度，如图 13-56 所示。

如果 Apple ID 没有购买苹果的开发者年付套餐，则可能在 Xcode 编译的时候出现代码签名错误，如图 13-57 所示。

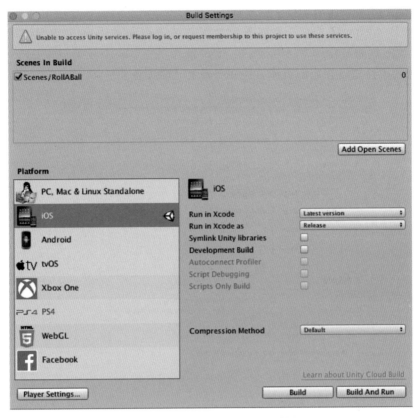

图 13-54　针对 iOS 平台进行编译

图 13-55　要保存的 iOS 项目名称

图 13-56　显示编译进度

图 13-57　代码签名错误

解决这个问题的办法有两种：一是购买苹果的开发者年付套餐并按照苹果公司的指导安装相应的 Provision 文件；二是如果只是想单纯学习和自用，可以单击 ▢ 图标，进入 Xcode 项目配置页面，如图 13-58 所示，在 Signing 中的 Team 下拉菜单中选择刚才输入的 Apple ID 便可继续进行相应的编译工作并部署到 iOS 设备上。

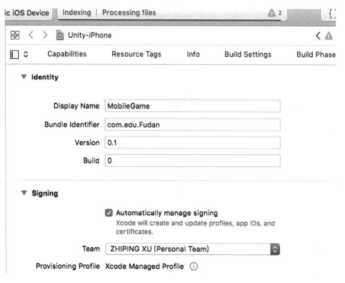

图 13-58　Xcode 项目配置页面

这时 iOS 设备上便可以正常运行该游戏了。iPad 上运行的游戏的截图，如图 13-59 所示。

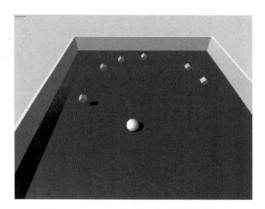

图 13-59　iPad 上运行的游戏的截图

第14章

太空大战

本章将根据本书提供的基本素材，建立一个手机版的太空大战游戏。在游戏中，玩家需要操控太空船躲避来袭的陨石和敌人飞船，同时敌人飞船会向玩家发射激光，玩家需要躲避敌人发射的激光。玩家可以发射激光摧毁陨石或敌人飞船，完成以后的游戏画面如图 14-1 所示。

图 14-1　完成以后的游戏画面

14.1　背景设置

视频讲解

建立一个名为 SpaceShooter 的 3D 项目，如图 14-2 所示。

在图 14-2 的 Add Asset Package 中选择 Bolt 插件，如图 14-3 所示。

单击 Done 按钮，完成项目的简单初始化。完成 Bolt 的一系列初始化设置以后（如前所述，这里不再赘述），接着准备开始建立简单的场景。导入本书提供的 spacewar. unitypackage 文件，如图 14-4 所示。

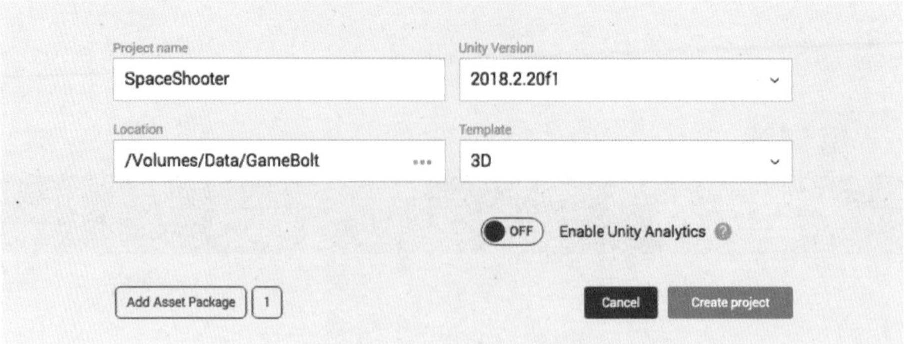

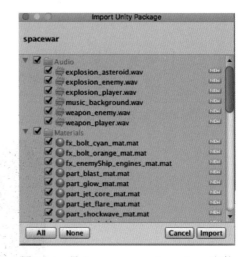

图 14-2　建立一个名为 SpaceShooter 的 3D 项目

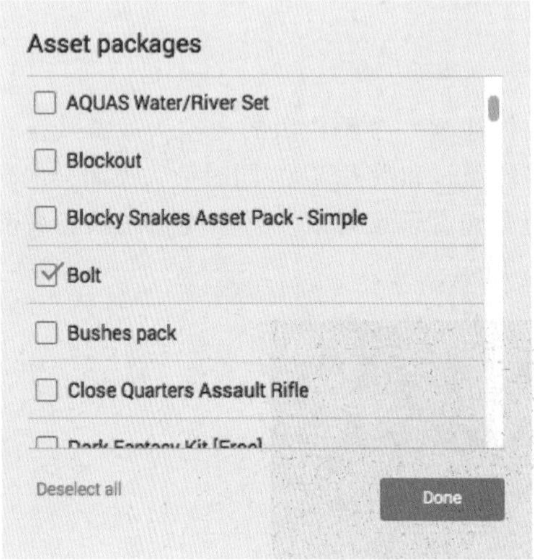

图 14-3　选择 Bolt 插件　　　　　　　　图 14-4　导入 spacewar.unitypackage 文件

在 Hierarchy 视图中右击,在弹出的快捷菜单中选择 3D Object→Quad 命令,建立 3D Quad,把 Materials 目录中的 tile_nebula_green_dff 纹理拖动到 Quad,同时把 Quad 重命名为 Background 并设置其 Transform 信息,如图 14-5 所示。

在 Hierarchy 视图中选择 Backgound 游戏对象,并按下 Ctrl+D(Mac 下为 ⌘+D)快捷键复制 Background 对象,将其改名为 Background,并设置复制的 Background 对象的 Transform 信息,如图 14-6 所示。

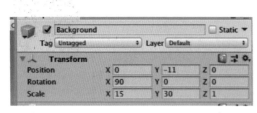

图 14-5　把 Quad 重命名为 Background 并设置
　　　　　其 Transform 信息

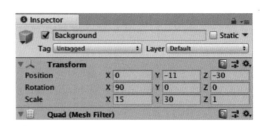

图 14-6　复制的 Background 对象的
　　　　　Transform 信息

在 Hierarchy 视图中,把复制的 Background 对象拖动到 Background 对象上,成为 Background 的子对象,如图 14-7 所示。

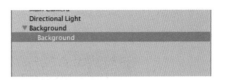

图 14-7 Background 的子对象

把 Main Camera 绕 X 轴旋转 90°,并把 Projection 设置为 Orthographic(正交投影),同时把 Clear Flags 设置为 Solid Color,Background 设置为黑色。Main Camera 的设置如图 14-8 所示。

给 Background 游戏对象添加名为 background 的流机器,将其存储在新建的 Macros 目录下,如图 14-9 所示。

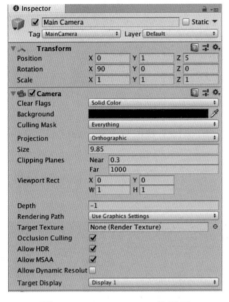

图 14-8 Main Camera 的设置

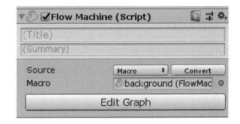

图 14-9 添加名为 background 的流机器

为 background 流机器添加 3 个图级变量,分别是 Vector 3 类型的 Start Position、浮点型的 Tile Size Z 以及 Scroll Speed,如图 14-10 所示。

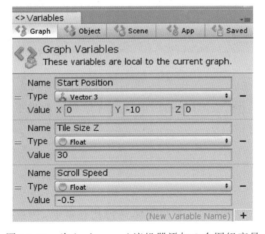

图 14-10 为 background 流机器添加 3 个图级变量

在流图中的 Start 事件中获取 background 对象的位置并将其存储在图级变量 Start Position 中,如图 14-11 所示。

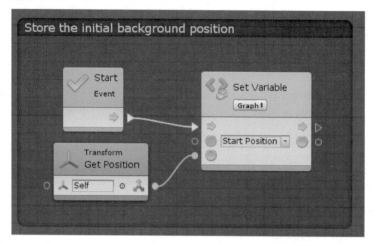

图 14-11　获取 background 对象的位置并将其存储在图级变量 Start Position 中

在 Update 事件中,获得当前时间并乘以 Scroll Speed,让其值在 Tile Size Z 界定的范围内循环往复,把该循环往复的值作为新建立的三维矢量的 Z 分量并把 background 的初始位置与此矢量相加,且把相加后的结果矢量作为 background 的新位置。该 Update 事件流图如图 14-12 所示。

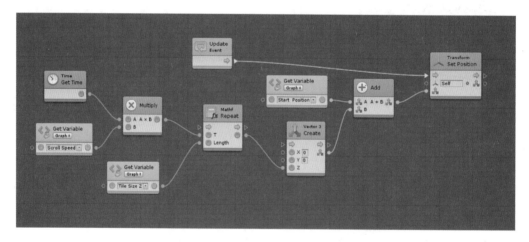

图 14-12　Update 事件流图

单击 Unity 编辑器的 ▶ 按钮以后,可以看到背景在不断地循环往下移动,这就给玩家一个不断往上移动的视觉错觉。

14.2　照明设置

目前完成的背景是没有照明的,游戏画面显得比较灰暗,因此需要建立一套照明系统。在 Hierarchy 视图中建立一个名为 Lighting 的空游戏对象,其位置设置如图 14-13 所示。

右击 Lighting 空游戏对象,在弹出的快捷菜单中选择 Light→Directional Light 命令,如图 14-14 所示。

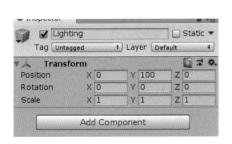

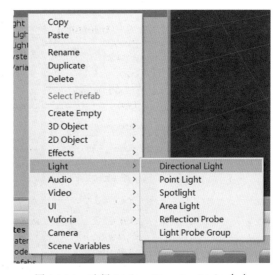

图 14-13　Lighting 空游戏对象的位置设置　　　图 14-14　选择 Light→Directior Light 命令

建立名为 Fill Light 的方向性照明,设置 Fill Light 的位置和照明属性,如图 14-15 所示。

再在 Lighting 空游戏对象下建立名为 Main Light 的方向性照明,设置 Main Light 的位置和照明属性,如图 14-16 所示。

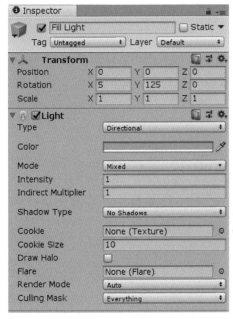

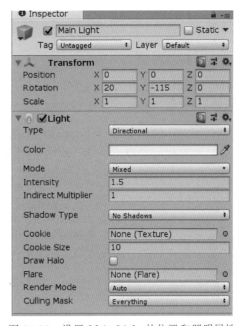

图 14-15　设置 Fill Light 的位置和照明属性　　　图 14-16　设置 Main Light 的位置和照明属性

再在 Lighting 空游戏对象下建立名为 Rim Light 的方向性照明,设置 Rim Light 的位置和照明属性,如图 14-17 所示。

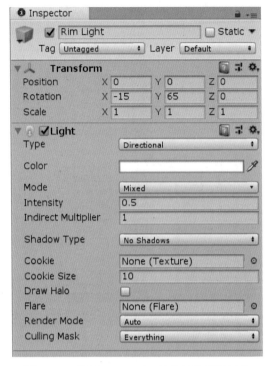

图 14-17　设置 Rim Light 的位置和照明属性

14.3　星空系统设置

　　如果背景单纯，游戏画面会略显枯燥。利用 Unity 提供的粒子系统加上动态的星空系统，可以使画面更加生动。在 Hierarchy 视图中增加一个名为 StarField 的空游戏对象，StarField 空游戏对象的位置设置如图 14-18 所示。

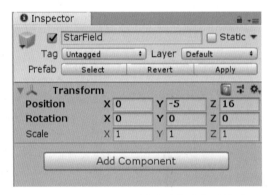

图 14-18　StarField 空游戏对象的位置设置

　　右击 StarField 空游戏对象，在弹出的快捷菜单中选择 Effects→Perticle System 命令，建立一个名为 part_starField 的粒子系统，如图 14-19 所示。

　　该 part_starField 粒子系统的位置设置如图 14-20 所示。

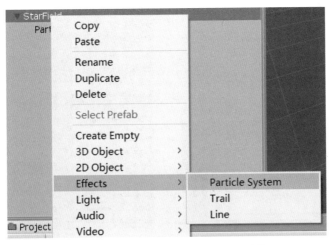

图 14-19　选择命令,建立一个粒子系统

该 part_starField 粒子系统的基本设置如图 14-21 所示。

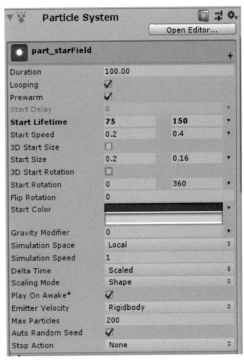

图 14-20　粒子系统的位置设置

图 14-21　粒子系统的基本设置

开启该 part_starField 粒子系统的 Emission 部分的设置,就是在 Emission 标题前面的小圆圈内打勾,如图 14-22 所示。

开启该 part_starField 粒子系统的形状部分的设置,如图 14-23 所示。

开启该 part_starField 粒子系统的生命周期中渐变色变化的设置,如图 14-24 所示。

如果双击图 14-24 中的渐变色条,则会弹出 Gradient Editor 对话框,如图 14-25 所示。

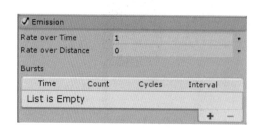

图 14-22　Emission 部分的设置

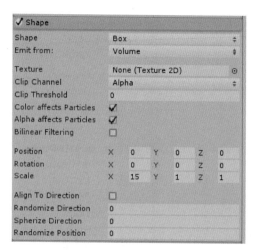

图 14-23　形状部分的设置

图 14-24　渐变色变化的设置

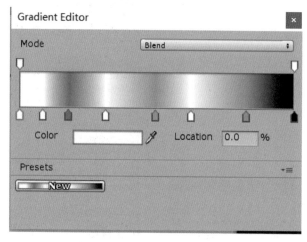

图 14-25　Gradient Editor 对话框

开启该 part_starField 粒子系统的生命周期中大小变化的设置,如图 14-26 所示。

图 14-26　大小变化的设置

单击图 14-26 中的曲线,在 Unity 界面的右下角会弹出曲线编辑界面,如图 14-27 所示。

在图 14-27 中的红线上右击,会弹出 Add Key 快捷菜单,如图 14-28 所示。

单击 Add Key 后,在原先右击的位置会出现一个红点,拖动其到合适的位置,不断重复以上操作,结果如图 14-29 所示。

图 14-27 曲线编辑界面

图 14-28 Add Key 快捷菜单

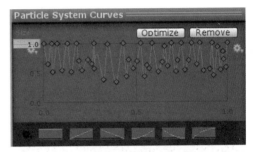

图 14-29 最终的曲线

开启该 part_starField 粒子系统的生命周期中旋转变化的设置,如图 14-30 所示。

该 part_starField 粒子系统的渲染的设置如图 14-31 所示。单击 Martial 条目最后面的小圆点,将 Martial 设置为 part_star_mat。

图 14-30 旋转变化的设置

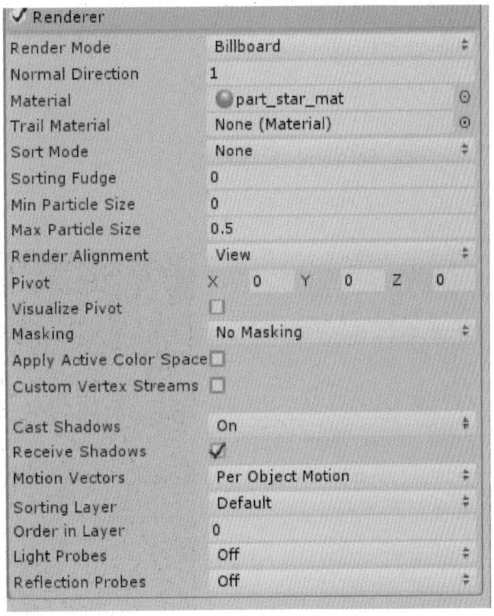

图 14-31 part_starField 粒子系统的渲染设置

此时 part_starField 粒子系统的 Shader 模式如图 14-32 所示。

设置完毕后,在 Game 视图中可以看到许多小颗粒不均匀地散布在屏幕上并逐渐下落,如图 14-33 所示。

　　在 Hierarchy 视图中,选择 part_starField,按下 Ctrl(Mac 下为⌘)＋D 快捷键,创建一个 part_starField 的副本,并将其重命名为 part_starField_distant。对 part_starField_distant 粒子系统的基本设置和 Emission 部分的参数做出相应调整,如图 14-34 所示。

图 14-32　part_starField 粒子系统的 Shader 模式

图 14-33　小颗粒不均匀地散布在屏幕上

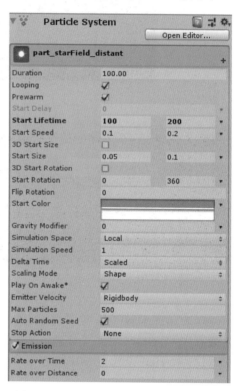

图 14-34　对基本设置和 Emission 部分的
　　　　　参数做出相应调整

　　这时可以看见场景中的星空显示出一种层次感,背景也显得不再那么枯燥了,如图 14-35 所示。

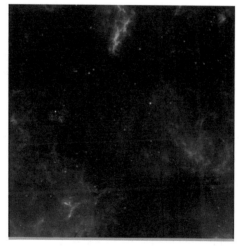

图 14-35　星空显示出一种层次感

14.4 玩家飞船

当背景和照明全部就绪以后，需要构造游戏的主角——玩家的飞船。首先，把 Assets/Models 文件夹中的 vehicle_playerShip 拖动到 Hierarchy 视图中，并把它重命名为 Player。为其增加 Rigidbody 组件，如图 14-36 所示。

为其增加 Mesh Collider 组件，如图 14-37 所示。

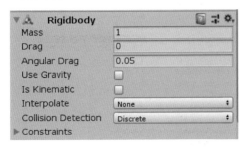

图 14-36 增加的 Rigidbody 组件

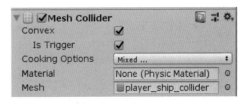

图 14-37 增加的 Mesh Collider 组件

为其增加 Audio Source 组件，如图 14-38 所示，并把 Audio 文件夹中的 weapon_player 文件赋值给 AudioClip 属性。

在 Hierarchy 视图中的 Player 对象下建立一个名为 engines_player 的空对象，并将该对象移动到飞船的尾部，engines_player 对象的位置设置如图 14-39 所示。

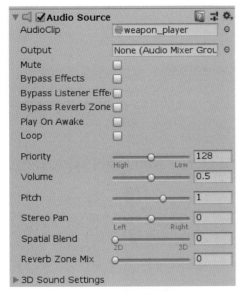

图 14-38 增加的 Audio Source 组件

图 14-39 engines_player 对象的位置设置

在 engines_player 空对象下建立一个名为 part_jet_flare 的粒子系统，part_jet_flare 粒子系统的位置设置如图 14-40 所示。

part_jet_flare 粒子系统的基本设置如图 14-41 所示。

图 14-40　part_jet_flare 粒子系统的位置设置

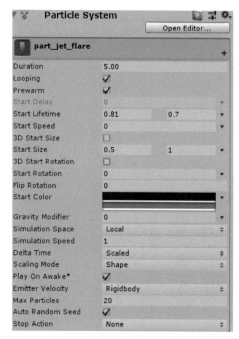

图 14-41　part_jet_flare 粒子系统的基本设置

part_jet_flare 粒子系统的 Emission 设置如图 14-42 所示。

part_jet_flare 粒子系统的生命周期中渐变色变化的设置如图 14-43 所示。

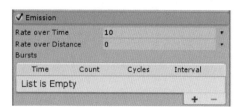

图 14-42　part_jet_flare 粒子系统的
Emission 设置

图 14-43　part_jet_flare 粒子系统的生命周期中
渐变色变化的设置

如果双击图 14-43 中的渐变色条，会弹出 Gradient Editor 对话框，如图 14-44 所示。

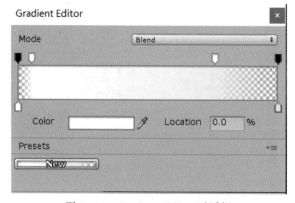

图 14-44　Gradient Editor 对话框

图 14-44 中的 Gradient Editor 对话框的红色部分用来设置颜色的透明度。可以将渐变色设置成如图 14-44 所示。part_jet_flare 粒子系统渲染器的设置如图 14-45 所示。将 Material 设置为 Materials 文件夹中的 part_jet_flare_mat。

在 Hierarchy 视图中选择 part_jet_flare，按下 Ctrl(Mac 下为 ⌘)＋D 快捷键，创建一个 part_jet_flare 的副本，并将其重命名为 part_jet_core。将 part_jet_core 的位置做出相应调整，如图 14-46 所示。

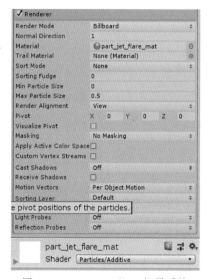

图 14-45　part_jet_flare 粒子系统
渲染器的设置

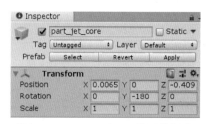

图 14-46　part_jet_core 位置的调整

part_jet_core 粒子系统的基本设置如图 14-47 所示。

part_jet_core 粒子系统的 Emission 设置如图 14-48 所示。

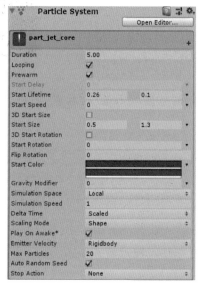

图 14-47　part_jet_core 粒子系统的基本设置

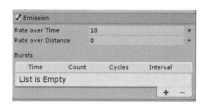

图 14-48　part_jet_core 的 Emission 设置

part_jet_core 粒子系统渲染器的设置如图 14-49 所示。将 Material 设置为 Materials 文件夹中的 part_jet_core_mat。

选择 Hierarchy 视图中的 Player，在其下建立一个名为 Shot Spawn 的空游戏对象，该空游戏对象作为玩家飞船发射子弹的起始点，将其移动到飞船的头部之前的位置，Shot Spawn 空游戏对象的位置设置如图 14-50 所示。

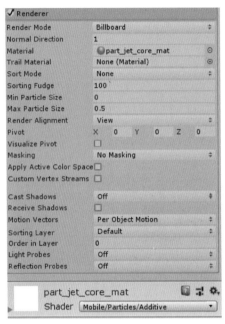

图 14-49   part_jet_core 粒子系统渲染器的设置

图 14-50   Shot Spawn 空游戏对象的位置设置

14.4.1 玩家的武器

玩家的飞船是能够发射激光的，要给玩家飞船添加发射激光的能力，首先在 Hierarchy 视图中选择 Player，在检查器中把 Player 暂时隐藏，如图 14-51 所示。

视频讲解

在 Hierarchy 视图中创建一个名为 PlayerShot 的空游戏对象，在检查器中为其添加 Rigidbody 组件，如图 14-52 所示。

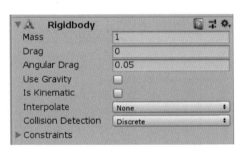

图 14-51   在检查器中把 Player 暂时隐藏

图 14-52   添加 Rigidbody 组件

再添加 Capsule Collider 组件，并单击框内的按钮，编辑碰撞器的外形，如图 14-53 所示。

同时在 Hierarchy 视图的 PlayerShot 下再建立一个名为 VFX 的三维 Quad 对象，并把 Assets/Materials 文件夹中的 fx_bolt_cyan_mat 材质拖动到 VFX 对象上，VFX 的位置信息如图 14-54 所示。

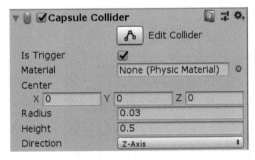

图 14-53　添加 Capsule Collider 组件

图 14-54　VFX 的位置信息

这时的 PlayShot 在场景中显示为一道光束，如图 14-55 所示。

在 Assets/Macros 目录下右击，弹出 Unity 编辑器的快捷菜单，选择 Create→Bolt→Flow Macro 命令，建立一个名为 Mover 的宏，如图 14-56 所示。

编辑 Mover 宏内容，将要附着的对象上的 Speed 变量乘以该对象的向前的单位矢量，并把这个矢量作为初始速度赋值给该对象，如图 14-57 所示。

接着在 Hierarchy 视图的 PlayShot 下建立一个流机器，宏指向在 Assets/Macros 目录下建立的 PlayerShot 宏文件，PlayShot 的流机器如图 14-58 所示。

图 14-55　PlayShot 在场景中
显示为一道光束

图 14-56　快捷菜单

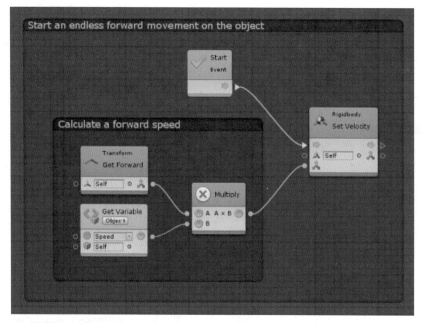

图 14-57　Mover 宏内容

图 14-58　PlayShot 的流机器

编辑 PlayShot 流机器，直接把 Project 视图中在 Assets/Macros 目录中的 Mover 宏文件当作一个超级单元拖动到流机器里，如图 14-59 所示。

图 14-59　Mover 宏文件当作一个超级单元

接着把 PlayShot 对象拖动到 Project 视图中的 Prefabs 目录中,如果该目录不存在就建立一个。同时把 Hierarchy 视图中的 PlayShot 对象删除,此时在 Prefabs 目录中的 PlayShot 就是前文所介绍的预制件。注意把刚才隐藏的 Player 对象重新打开。

14.4.2　玩家飞船的控制逻辑

玩家的飞船以及武器均已设置完成,现在需要加上控制逻辑。首先,在 Hierarchy 视图中选择 Player 对象,并将其 Tag 设置为 Player,为其添加宏名为 Player 的流机器,该宏存放在 Assets/Macros 目录下。在该宏中,首先建立对象级变量,如图 14-60 所示。

视频讲解

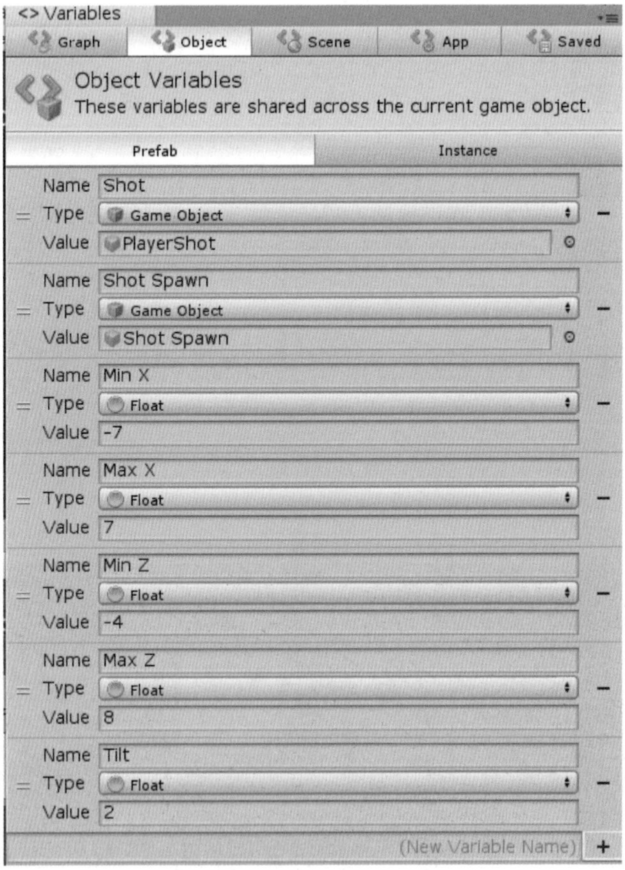

图 14-60　对象级变量

接着建立图级变量,如图 14-61 所示。

玩家飞船的 Player 流图中移动部分的逻辑如图 14-62 所示。其中,Clamp Position 超级单元是用来限定玩家的移动区域,而 Apply Tilt 超级单元是用来响应用户的方向键输入时让飞船展现左倾或者右倾的姿态。

Clamp Position 超级单元的内部逻辑如图 14-63 所示。获得刚体的位置,把位置中的 X 和 Z 分量分离出,把 X 重新限定在区间[MinX,MaxX]且把 Z 重新限定在[MinZ,MaxZ],把重新限定好的 X、Z 数值放到新建立的三维矢量中,并将其作为所附着刚体的位置。

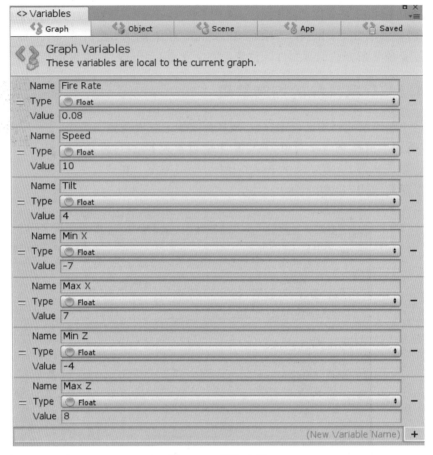

图 14-61　图级变量

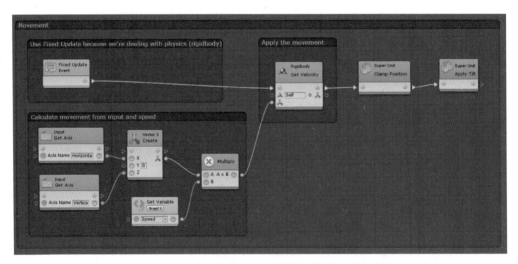

图 14-62　玩家飞船的 Player 流图中移动部分的逻辑

　　Apply Tilt 超级单元的内部逻辑如图 14-64 所示。获得刚体的速度矢量中的 X 分量，把该分量乘以对象级变量 Tilt 的相反数，并把该结果作为绕 Z 轴旋转的角度。

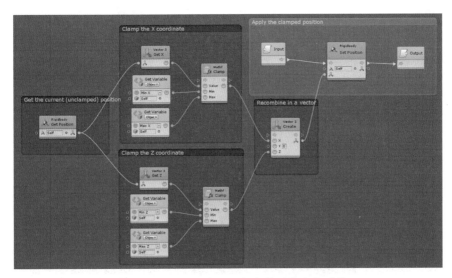

图 14-63　Clamp Position 超级单元的内部逻辑

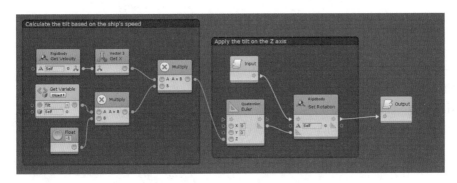

图 14-64　Apply Tilt 超级单元的内部逻辑

玩家飞船的 Player 流图中发射子弹的逻辑如图 14-65 所示。从键盘获得开火键（一般是空格键），依照一定的时间间隔在原来定义的 Shot Spawn 空游戏对象处生成不断前进的子弹，其中 Spawn Shot 为超级单元。同时播放发射子弹时的声音。

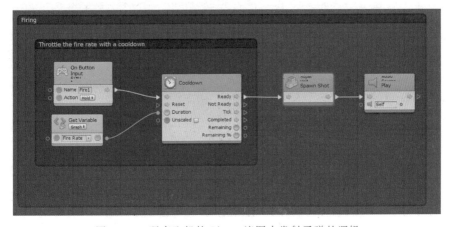

图 14-65　玩家飞船的 Player 流图中发射子弹的逻辑

超级单元 Spawn Shot 的内部逻辑如图 14-66 所示。获得发射点的位置和旋转信息,并基于此信息实例化 PlayShot 预制件。

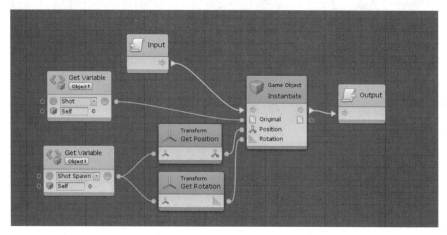

图 14-66　Spawn Shot 超级单元的内部逻辑

14.5　边界

如果此时单击 Unity 编辑器的 ▶ 按钮玩这个游戏,会发现如果发射子弹,则子弹的副本在 Hierarchy 视图越来越多,并不会消失。因此这里需要引入一个边界机制,当子弹或者后面讲到的敌人越过边界时就会自动销毁,这样内存就不会消耗得很快了。

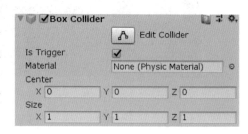

图 14-67　增加 Box Collider

在 Hierarchy 视图中新建名为 Boundary 的空游戏对象,增加 Box Collider,如图 14-67 所示。

编辑此碰撞器,使得其在场景视图中编辑后的 Box Collider 如图 14-68 所示。

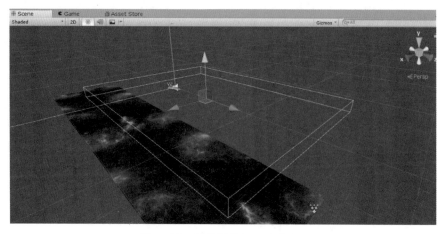

图 14-68　编辑后的 Box Collider

为 Boundary 空游戏对象添加宏名为 DestroyByBoundary 的流机器，如图 14-69 所示。

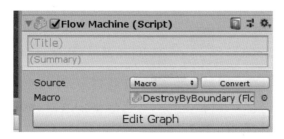

图 14-69　添加宏名为 DestroyByBoundary 的流机器

DestroyByBoundary 的内部逻辑如图 14-70 所示。该流图监听任何离开 Boundary 的事件，并销毁所离开的物体。

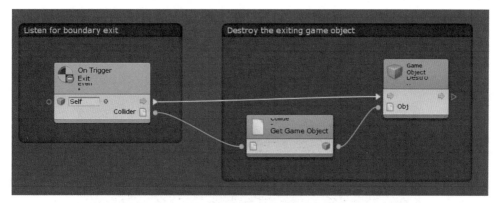

图 14-70　DestroyByBoundary 的内部逻辑

14.6　敌人的飞船

游戏中如果没有对手或者敌人，就会显得索然无味。接下来给游戏加入第一种类型的敌人——向玩家飞船发射激光的敌人飞船。首先，把 Assets/Models 中的 vehicle_enemyShip 拖动到 Hierarchy 视图中，同时将其 Transform 部分的 Rotation 的 Y 分量部分设置为 180，这使得敌人的飞船头部是朝向玩家的飞船的，如图 14-71 所示。

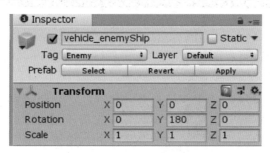

图 14-71　将 Rotation 的 Y 分量部分设置为 180

在 Hierarchy 视图中建立名为 Enemy 的空游戏对象,并把刚刚建立的游戏对象 vehicle_enemyShip 拖动到该游戏对象之下,并给 Enemy 空游戏对象添加 Rigidbody 组件,如图 14-72 所示。

再给 Enemy 空游戏对象添加 Sphere Collider 组件,如图 14-73 所示。

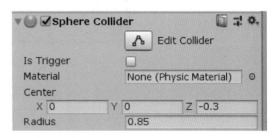

图 14-72　添加 Rigidbody 组件　　　　图 14-73　添加 Sphere Collider 组件

同时编辑该 Sphere Collider 组件,使得该球体正好把敌人的飞船包住,如图 14-74 所示。

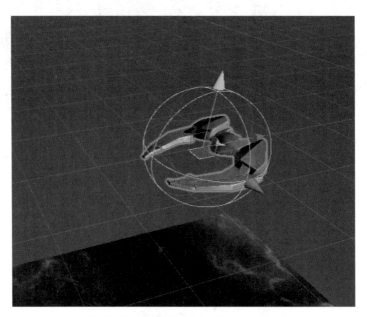

图 14-74　编辑该 Sphere Collider 组件

接着添加 Audio Source 组件,指定 AudioClip 为 weapon_enemy 文件,如图 14-75 所示。

在 Hierarchy 视图的 Enemy 游戏对象下建立名为 Shot Spawn 的空对象,并把该对象移动到敌人飞船的头部,以后在这个位置发射敌人的子弹。同时把 Shot Spawn 对象的 Transform 部分的 Rotation 部分的 Y 分量设置为 180,使得这里发射出的子弹的头部是朝向玩家的飞船的,如图 14-76 所示。

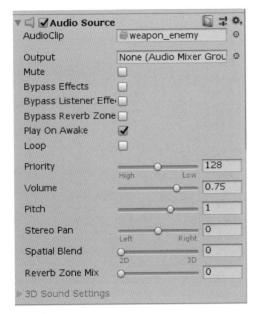

图 14-75 添加 Audio Source 组件

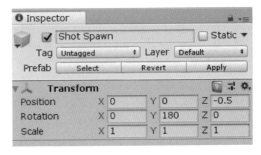

图 14-76 把 Rotation 部分的 Y 分量设置为 180

在 Hierarchy 视图的 Enemy 游戏对象下建立名为 Enemy Engines 的粒子系统,将该粒子系统的位置移动到敌人飞船的尾部,Enemy Engines 的 Transform 组件的信息设置如图 14-77 所示。

Enemy Engines 粒子系统的基本设置如图 14-78 所示。

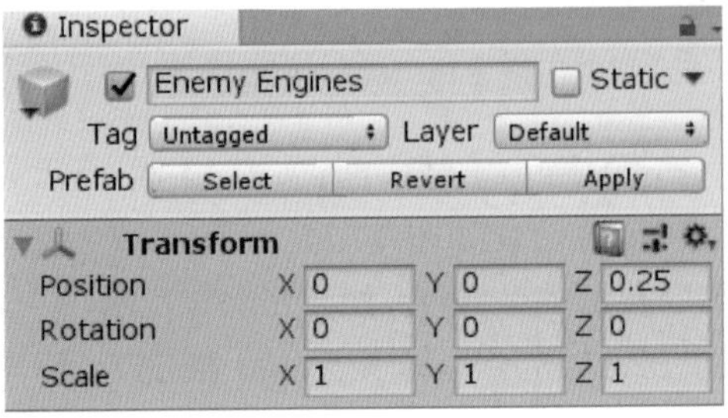

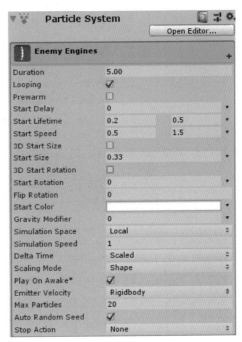

图 14-77 Transform 组件的信息设置

图 14-78 Enemy Engines 粒子系统的基本设置

Enemy Engines 粒子系统的 Emission 设置如图 14-79 所示。

Enemy Engines 粒子系统的形状设置如图 14-80 所示。

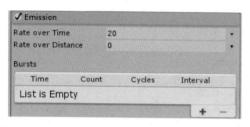

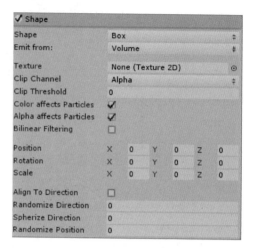

图 14-79　Enemy Engines 粒子系统的 Emission 设置　　图 14-80　Enemy Engines 粒子系统的形状设置

Enemy Engines 粒子系统的继承速度设置如图 14-81 所示。

图 14-81　Enemy Engines 粒子系统的继承速度设置

Enemy Engines 粒子系统的生命周期内力的设置如图 14-82 所示。

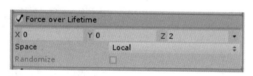

图 14-82　Enemy Engines 粒子系统的生命周期内力的设置

Enemy Engines 粒子系统的生命周期内渐变色变化的设置如图 14-83 所示。

图 14-83　Enemy Engines 粒子系统生命周期内渐变色变化的设置

如果双击图 14-83 中的渐变色条，会弹出 Gradient Editor 对话框，如图 14-84 所示。

Enemy Engines 粒子系统的生命周期内大小变化的设置如图 14-85 所示。

Enemy Engines 粒子系统的生命周期内大小变化的曲线设置，如图 14-86 所示。

Enemy Engines 粒子系统渲染器的设置如图 14-87 所示。将 Material 指定为 Assets/Materials 文件夹下的 fx_enemyShip_engines_mat。

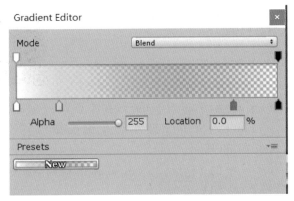

图 14-84　Gradient Editor 对话框

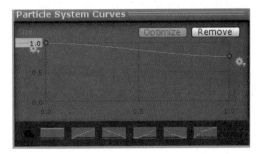

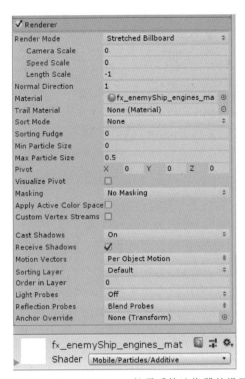

图 14-85　Enemy Engines 粒子系统生命　　　　图 14-86　Enemy Engines 粒子系统生命
周期内大小变化的设置　　　　　　　　　周期内大小变化的曲线设置

图 14-87　Enemy Engines 粒子系统渲染器的设置

14.6.1 敌人的子弹

视频讲解　　视频讲解

敌人的子弹和玩家飞船的子弹很类似，把 Assets/Prefabs 目录中的 PlayShot 预制件拖动到 Hierarchy 视图中，并把它重命名为 EnemyShot，设置 Tag 为 Enemy，在检查器中删除 EnemyShot 的 Variables(Script)组件以及流机器组件，新增一个宏名称为 EnemyShot 的流机器，如图 14-88 所示。

同时把 Assets/Materials 中的 fx_bolt_cyan_mat 拖动到 VFX 子游戏对象上，使得 VFX 子游戏对象的材质设置如图 14-89 所示。

图 14-88　宏名称为 EnemyShot 的流机器　　　图 14-89　VFX 子游戏对象的材质设置

在 Hierarchy 视图中建立一个名为 explosion 的粒子系统，explosion 粒子系统的位置信息如图 14-90 所示。

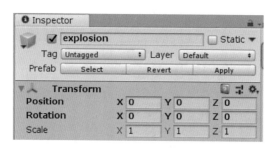

图 14-90　explosion 粒子系统的位置信息

explosion 粒子系统的基本设置如图 14-91 所示。

explosion 粒子系统的 Emission 设置如图 14-92 所示。

explosion 粒子系统的形状设置如图 14-93 所示。

explosion 粒子系统的生命周期内渐变色变化的设置如图 14-94 所示。

如果双击图 14-94 中的渐变色条，会弹出 Gradient Editor 对话框，如图 14-95 所示。

explosion 粒子系统的生命周期内大小变化的设置如图 14-96 所示。

explosion 粒子系统的生命周期内大小变化的曲线设置如图 14-97 所示。

explosion 粒子系统渲染器的设置如图 14-98 所示。将 Material 指定为 Assets/Materials 文件夹下的 part_spark_blue_mat。

为 explosion 对象添加 Audio Source 组件，并设置 AudioClip 为 explosion_enemy，如图 14-99 所示。

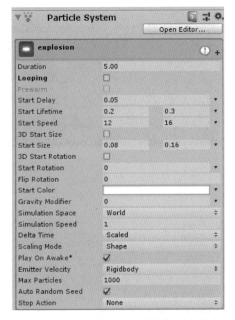

图 14-91　explosion 粒子系统的基本设置

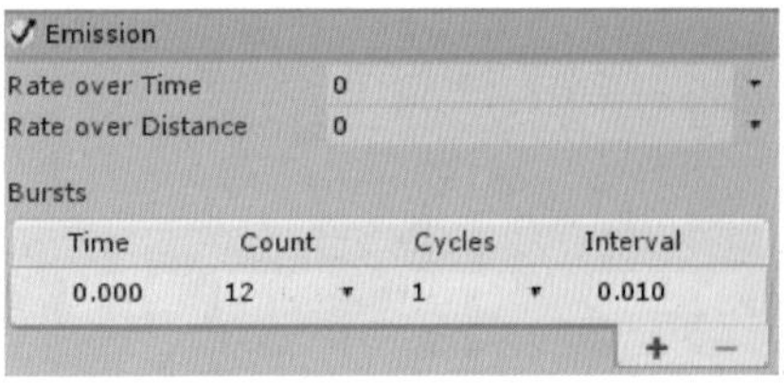

图 14-92　explosion 粒子系统的 Emission 设置

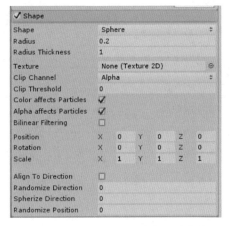

图 14-93　explosion 粒子系统的形状设置

图 14-94　explosion 生命周期内渐变色变化的设置

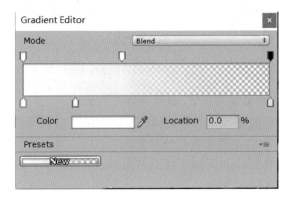

图 14-95　Gradient Editor 对话框

图 14-96　explosion 粒子系统生命周期内
大小变化的设置

图 14-97　explosion 粒子系统的生命周期内
大小变化的曲线设置

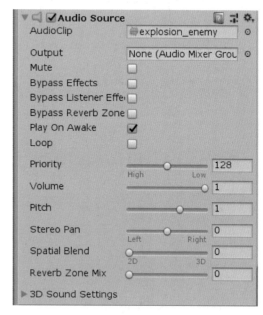

图 14-98　explosion 粒子系统的渲染设置　　　图 14-99　添加 Audio Source 组件

为 explosion 对象添加宏指向 DestroyByTime 的流机器，如图 14-100 所示。

图 14-100　为 explosion 对象添加宏指向 DestroyByTime 的流机器

在该宏中，首先建立对象级的变量，如图 14-101 所示。

DestroyByTime 流图的逻辑如图 14-102 所示。其中启动事件作为协程处理，等待 Lifetime 指定的一段时间后，销毁所附着的对象。

在 Hierarchy 视图中的 explosion 下建立名为 part_blast 粒子特效的子游戏对象，其粒子系统的基本设置如图 14-103 所示。

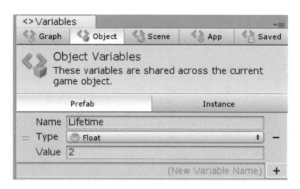

图 14-101 对象级变量

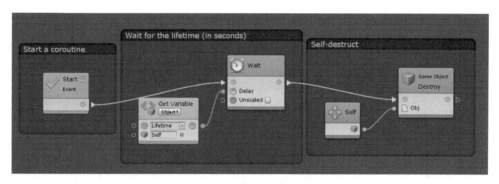

图 14-102 DestroyByTime 流图的逻辑

part_blast 粒子系统的 Emission 设置如图 14-104 所示。

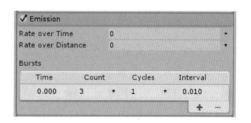

图 14-103 part_blast 粒子系统的基本设置   图 14-104 part_blast 粒子系统的 Emission 设置

part_blast 粒子系统的形状设置如图 14-105 所示。

part_blast 粒子系统的生命周期内渐变色变化的设置如图 14-106 所示。

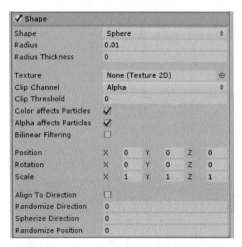

图 14-105　part_blast 粒子系统的形状设置

图 14-106　part_blast 粒子系统的生命周期内
渐变色变化的设置

　　如果双击图 14-106 中的渐变色条，会弹出 Gradient Editor 对话框，如图 14-107
所示。

　　part_blast 粒子系统的生命周期内大小变化的设置如图 14-108 所示。

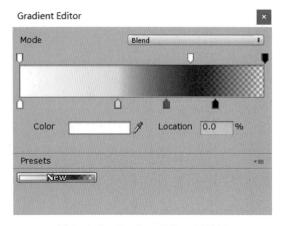

图 14-107　Gradient Editor 对话框

图 14-108　part_blast 粒子系统生命周期内
大小变化的设置

　　part_blast 粒子系统的生命周期内大小变化的曲线设置如图 14-109 所示。

　　part_blast 粒子系统渲染器的设置如图 14-110 所示。将 Material 指定为 Assets/
Materials 文件夹下的 part_blast_mat。

　　在 Hierarchy 视图中的 explosion 下再建立名为 part_burst 粒子特效的子游戏对象，其
粒子系统的基本设置如图 14-111 所示。

　　part_burst 粒子系统的 Emission 设置如图 14-112 所示。

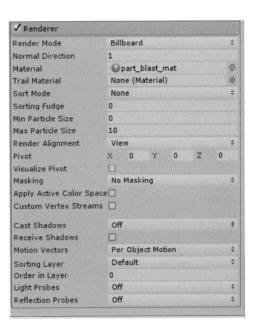

图 14-110　part_blast 粒子系统渲染器的设置

图 14-109　part_blast 粒子系统生命周期内大小变化的曲线设置

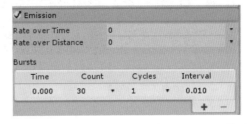

图 14-111　part_burst 粒子系统的基本设置　　图 14-112　part_burst 粒子系统的 Emission 设置

　　part_burst 粒子系统的形状设置如图 14-113 所示。

　　part_burst 粒子系统的生命周期内大小变化的设置如图 14-114 所示。

　　part_burst 粒子系统的生命周期内大小变化的曲线设置如图 14-115 所示。

　　part_burst 粒子系统渲染器的设置如图 14-116 所示。将 Material 指定为 Assets/ Materials 文件夹下的 part_spark_large_mat。

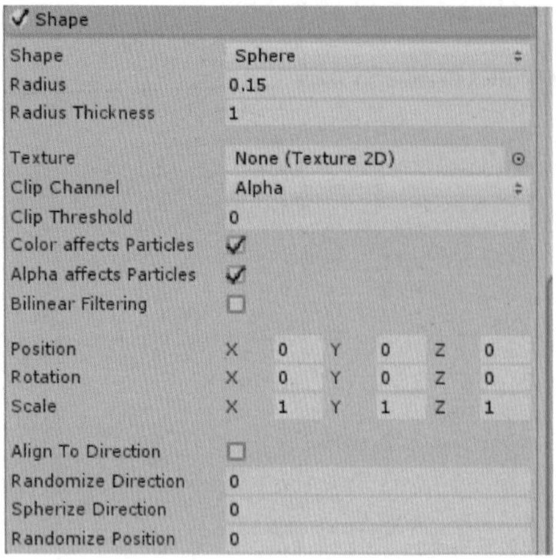

图 14-113　part_burst 粒子系统的形状设置

图 14-114　part_burst 粒子系统生命周期内
大小变化的设置

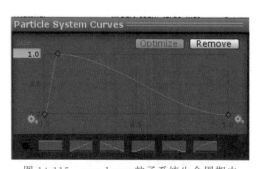

图 14-115　part_burst 粒子系统生命周期内
大小变化的曲线设置

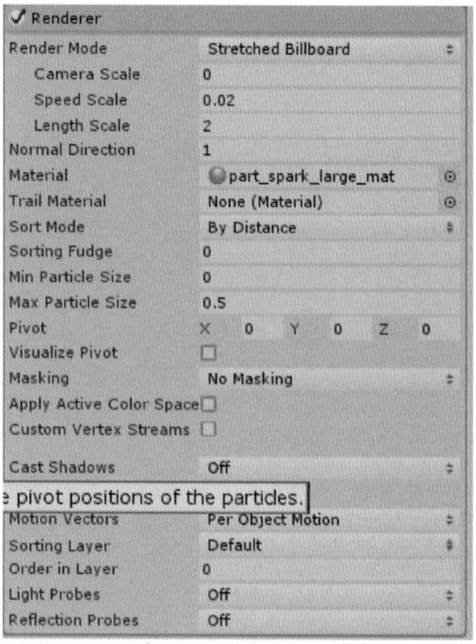

图 14-116　part_burst 粒子系统的渲染设置

　　把 Hierarchy 视图中的 explosion 拖动到 Project 视图中的 Assets/Prefabs 目录下，让其成为一个预制件，同时删除 Hierarchy 视图中的 explosion。

14.6.2　敌人的子弹的逻辑

　　敌人子弹的设置完成之后，需要给敌人的子弹加上特定的逻辑来判断其是否击中玩家。在 Hierarchy 视图中的 EnemyShot 下建立一个宏名为 EnemyShot 的流机器，如图 14-117 所示。

视频讲解

图 14-117　建立一个宏名为 EnemyShot 的流机器

建立对象级变量，如图 14-118 所示。

敌人子弹的流图逻辑如图 14-119 所示。

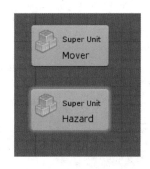

图 14-118　对象级变量　　　　　　　图 14-119　敌人子弹的流图逻辑

其中，Hazard 为超级单元，其概要图如图 14-120 所示。

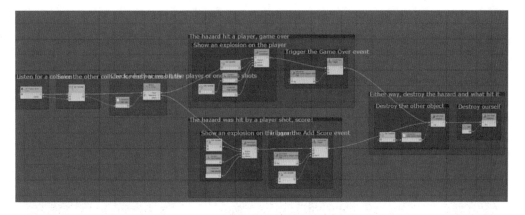

图 14-120　Hazard 的概要图

在 Hazard 的流图的前面一部分，当引发 Trigger Enter 事件的时候，记录碰撞对象到 Other 变量，同时根据其 Tag 进行条件分支判断，如图 14-121 所示。

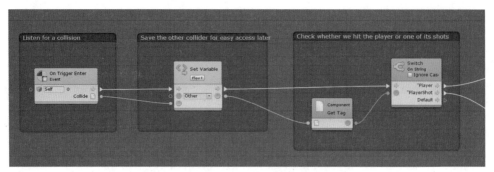

图 14-121　Hazard 的流图的前面一部分

在 Hazard 的流图的上部分,因触发碰撞的对象的 Tag 是 Player,则在 Player 的位置实例化一次爆炸,并同时引发 GamController 的 GameOver 事件,如图 14-122 所示。

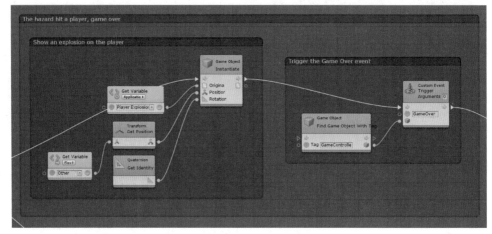

图 14-122　Hazard 的流图的上部分

在 Hazard 的流图的下部分,因触发碰撞的对象的 Tag 是 PlayerShot,则在发生碰撞的位置实例化一次爆炸,并同时引发 GamController 的 AddScore 事件,如图 14-123 所示。

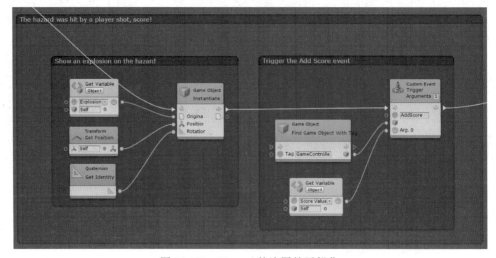

图 14-123　Hazard 的流图的下部分

在 Hazard 的流图的最后部分,同时销毁碰撞的对象和被碰撞的对象,如图 14-124 所示。

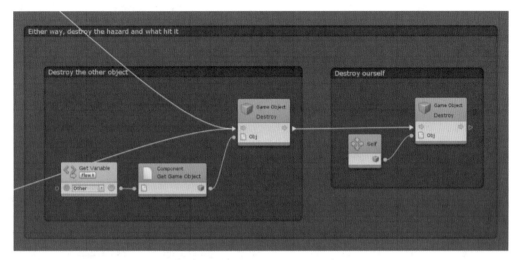

图 14-124　Hazard 的流图的最后部分

14.6.3　敌人的飞船的逻辑

目前,敌人的飞船不具备自主飞行和发射武器的能力,需要给其加上自动飞行和发射弹药的逻辑。在 Hierarchy 视图中的 Enemy 对象的检查器视图中新增一个宏名为 Enemy 的流机器,如图 14-125 所示。

图 14-125　新增宏名为 Enemy 的流机器

在流机器的图中建立图级变量,如图 14-126 所示。

建立对象级变量,如图 14-127 所示。

建立应用级变量,如图 14-128 所示。

在流图中,先放置两个超级单元,如图 14-129 所示。

再形成如下开始事件处理逻辑组:该逻辑组中以协程形式的开始事件随机选择一段等待时间,再随机选择一个水平轴上的目标 X,如图 14-130 所示。

再形成每帧固定更新事件处理逻辑组,让敌人平滑地移动到水平轴上指定的目标 X,如图 14-131 所示。

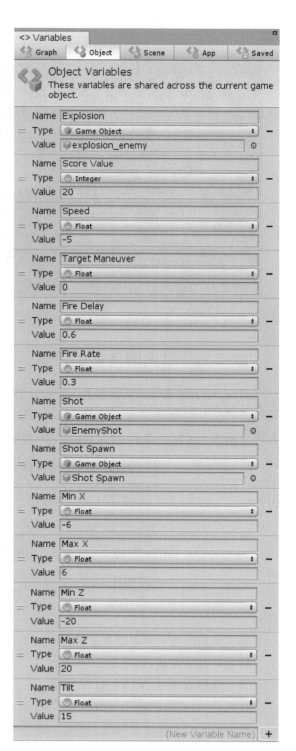

图 14-126　图级变量　　　　　图 14-127　对象级变量

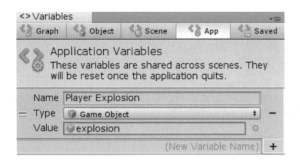

图 14-128　应用级变量

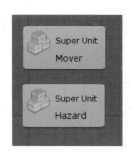

图 14-129　先放置两个超级单元

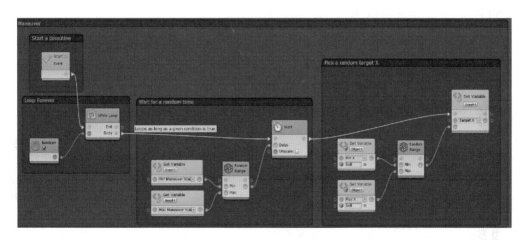

图 14-130　开始事件处理逻辑组

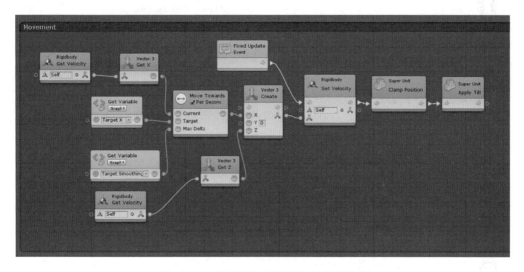

图 14-131　每帧固定更新事件处理逻辑组

敌人飞船的射击逻辑为,敌人飞船每经过一段 Fire Rate 指定的时间发射子弹,如图 14-132 所示。

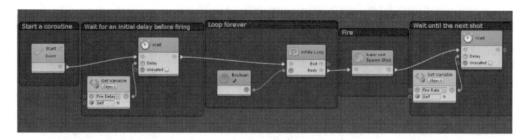

图 14-132　敌人飞船的射击逻辑

把 Hierarchy 视图中的 Enemy 拖动到 Project 视图中的 Assets/Prefabs 中,变成一个预制件,同时删除 Hierarchy 视图中的 Enemy 对象。

14.7　太空陨石

接下来给游戏加入第二种类型的敌人——太空中漂浮的陨石,玩家的飞船一旦撞上陨石便会发生爆炸。在 Hierarchy 视图中建立名为 Asteroid 的对象,将其 Tag 设置为 Enemy,给其添加 Rigidbody 组件,如图 14-133 所示。

视频讲解

把 Project 视图中的 Assets/Models 下的 prop_asteroid_02 拖动到 Hierarchy 视图下的 Asteroid 对象下,使其成为其子对象。在 Asteroid 对象下增加宏名为 Asteroid 的流机器,如图 14-134 所示。同时给 Asteroid 对象增加 Sphere Collider,设置其 Center 为 0.05、Radius 为 0.64。

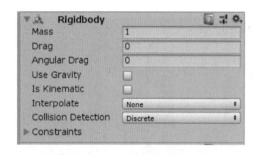

图 14-133　添加的 Rigidbody 组件

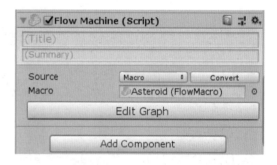

图 14-134　增加宏名为 Asteroid 的流机器

在流机器 Asteroid 中增加对象级变量,如图 14-135 所示。

在 Asteroid 流图中增加两个超级单元并设置内部逻辑,在开始时在单位球中随机选择一个矢量作为对象的初始角速度,如图 14-136 所示。设置完毕以后把 Hierarchy 视图中的 Asteroid 拖动到 Project 视图中的 Assets/Prefabs 中,变成一个预制件,同时删除 Hierarchy 视图中的 Asteroid 对象。

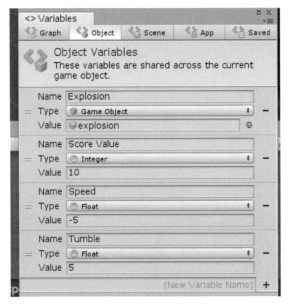

图 14-135　对象级变量

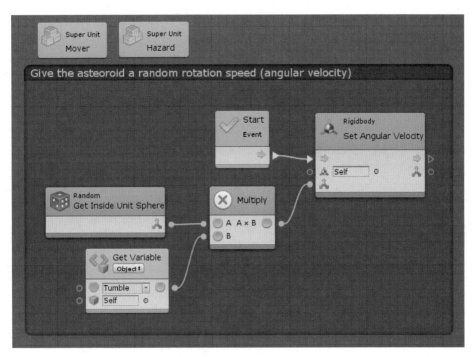

图 14-136　在 Asteroid 流图中增加两个超级单元并设置内部逻辑

14.8　GUI

本游戏的 GUI 界面很简单,在 Hierarchy 视图中右击,在弹出的快捷菜单中选择 UI→Text 命令,如图 14-137 所示,建立名为 Score 的文本。

视频讲解

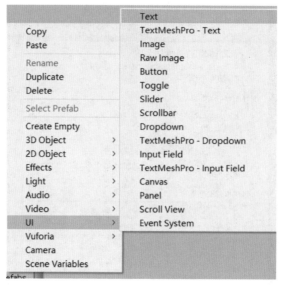

图 14-137　选择 UI→Text 命令

Score 的文本位于屏幕的左上角，Score 的基本设置如图 14-138 所示。

单击图 14-138 中的红框标识的 Anchors 区域，按下 Ctrl＋Alt 快捷键会弹出预定义的锚点设置，这里选择左上角，如图 14-139 所示。

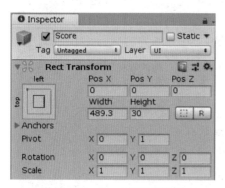

图 14-138　Score 的基本设置

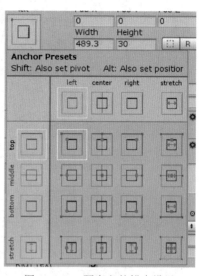

图 14-139　预定义的锚点设置

设置其文本为"Score：0"，字体颜色为白色，如图 14-140 所示。

再在 Hierarchy 视图中 Canvas 下添加名为 Restart 的文本，将其放在游戏画面的右上角，同时设置其文本内容为 Press R to Restart，只不过将其 Text 组件暂时不激活，其他设置和 Score 的设置一致，如图 14-141 所示。

接着在 Hierarchy 视图中 Canvas 下添加名为 GameOver 的文本，将其放在游戏画面的中间，同时设置其文本内容为 Game Over，将其 Text 组件暂时不激活，其他设置和 Score 的设置一致，设置完毕以后，Game 视图如图 14-142 所示。

图 14-140　设置其文本为"Score：0"

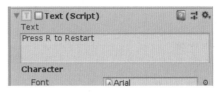

图 14-141　将其 Text 组件暂时不激活

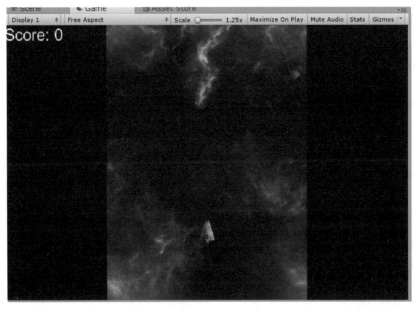

图 14-142　Game 视图

14.9　游戏管理器

视频讲解　　视频讲解

在游戏中需要一个管家来管理什么时候在何处生成敌人，敌人被玩家消灭掉该如何记分等一系列相关的事务，这就是本节要建立的游戏管理器。首先，在 Hierarchy 视图中添加名为 Game Controller 的空游戏对象，Game Controller 的 Audio Source 组件，并把 AudioClip 设置为 music_background，如图 14-143 所示。

给 Game Controller 添加宏名为 GameController 的流机器组件,如图 14-144 所示。

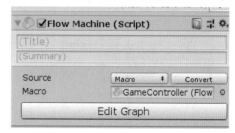

图 14-143　Game Controller 的 Audio Source 组件　　图 14-144　宏名为 GameController 的流机器组件

给 GameController 流图添加图级变量,如图 14-145 所示。其中,Hazards 为 Game Object 列表型变量,其包含 Asteroid 和 Enemy 两个预制件。

给 GameController 流图添加对象级变量,如图 14-146 所示。

GameController 流图的开始事件的概要图如图 14-147 所示。

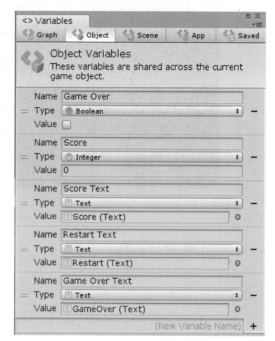

图 14-145　图级变量　　　　　　　　　　图 14-146　对象级变量

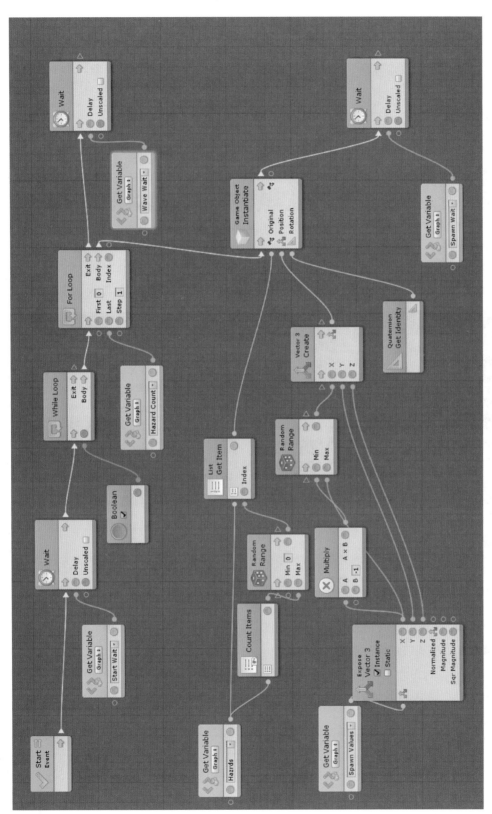

图 14-147　GameController 流图的开始事件的概要图

在 GameController 流图的开始事件的初始部分，等待一段 Start Wait 指定的时间后，进入无限循环，如图 14-148 所示。

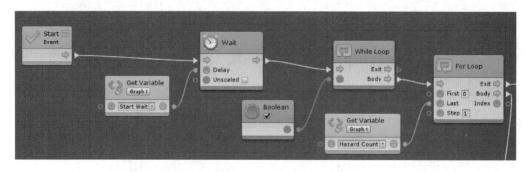

图 14-148　GameController 流图的开始事件的初始部分

在 GameController 流图的开始事件的循环控制部分，循环 Hazard Count 次循环体后，再等待 Wave Wait 指定的时间，如图 14-149 所示。

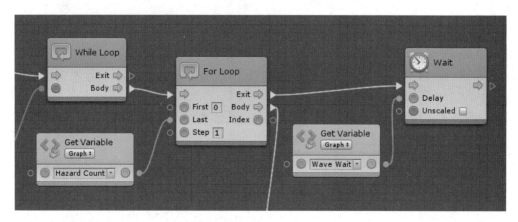

图 14-149　GameController 流图的开始事件的循环控制部分

在 GameController 流图的开始事件的循环体部分，从 Hazards 列表中任意选取一个 Hazard 并且随机选择一个起始位置，实例化选择的 Hazard，并等待 Spawn Wait 指定的时间，如图 14-150 所示。

在 GameController 流图的 Add Score 自定义事件部分，每次发生 Add Score 事件时，Score 增加并把增加的数值反映到 UI 的文本上，如图 14-151 所示。

在 GameController 流图的 Game Over 自定义事件部分，每次发生 Game Over 事件时，把 Game Over Text 和 Restart Text 激活，同时设置 Game Over 变量为真，参见图 14-152 所示。

在 GameController 流图的重启部分，每次用户按下 R 时且 Game Over 为真时，重新载入当前关卡，如图 14-153 所示。

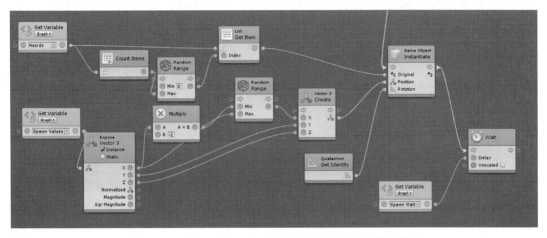

图 14-150　GameController 流图的开始事件的循环体部分

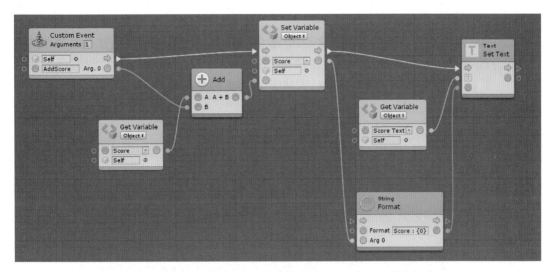

图 14-151　GameController 流图的 Add Score 自定义事件部分

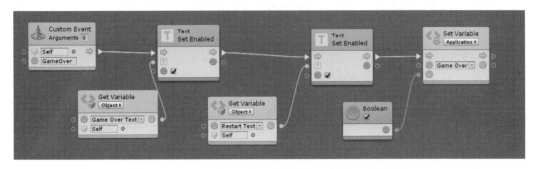

图 14-152　GameController 流图的 Game Over 事件部分

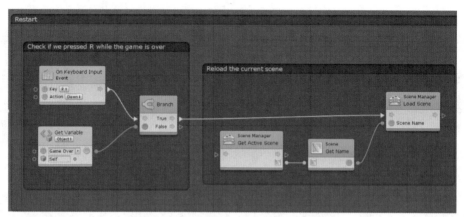

图 14-153　GameController 流图的重启部分

14.10　移植到手机端

现在 PC 端的游戏已经基本上完成了,要把 PC 端的游戏移植到手机端就是本节介绍的内容。首先,在 Unity 编辑器的菜单栏中选择 File→Build Settings 命令将运行平台切换到 Android 平台,单击 Switch Platform 按钮,如图 14-154 所示。

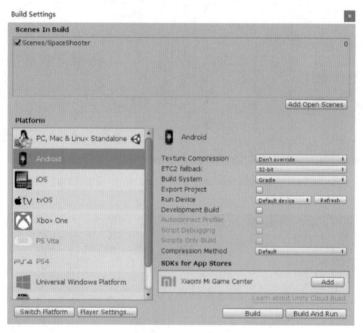

图 14-154　将运行平台切换到 Android 平台

单击 Player Settings 按钮,在 Player Settings 的 Identification 部分进行设置,如图 14-155 所示。设置 Package Name 为 com.××.×××的形式,例如 com. edu. Fudan,同时将 Minimum API Level 设置为目标手机的系统级别。

通过 USB 连接手机到计算机,在 Unity 编辑器的菜单栏中选择 File→Build Settings 命令,单击 Build and Run 按钮,进行试编译。在手机上允许 Unity 进行安装,默认情况下,编译会一次通过,游戏会在手机设备上运行,但是玩家是没有办法操控飞船的。

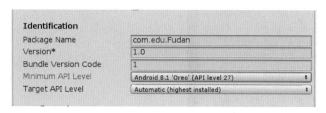

图 14-155　在 Player Settings 的 Identification 部分进行设置

14.10.1　屏幕适配

手机的终端的屏幕尺寸各式各样,因此需要游戏设计人员对屏幕尺寸进行适配。在 Unity 编辑器的 Player Settings 面板里把手机上的屏幕的方向(Orientation)设置为 Portaint,如图 14-156 所示。

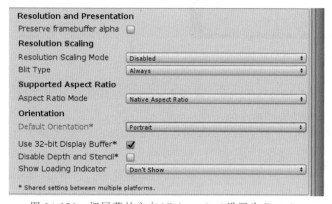

图 14-156　把屏幕的方向(Orientation)设置为 Portaint

同时在 Game 视图的设备分辨率列表中设置屏幕的分辨率,如图 14-157 所示。

如果在分辨率列表中找不到想要的分辨率,可以自建一个分辨率,譬如华为的 P20 系列手机的分辨率是 1080×2240,由于应用场景是竖屏,可以把宽和高对调一下,如图 14-158 所示。

14.10.2　屏幕虚拟摇杆和按键

由于目前大部分手机都是触屏手机,基本上没有物理按键,因此需要在屏幕上绘制一个虚拟输入区域来达到输入的目的。这里新建一个专门用于屏幕虚拟摇杆和按键的场景,在 Unity 编辑器的菜单栏中选择 File→New Scene 命令,如图 14-159 所示。

视频讲解

视频讲解

视频讲解

图 14-157　Game 视图的设备分辨率列表

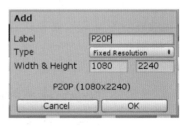

图 14-158　自建一个分辨率

　　删除该场景的所有摄像机和灯光,该场景将叠加在其他场景上,因此不再需要灯光和摄像机,把该场景命名为 MobileInputGUI。

　　首先建立虚拟摇杆,在 Hierarchy 视图中右击,在弹出的快捷菜单中选择 UI→Image 命令,创建一个 Image UI 游戏对象,如图 14-160 所示。

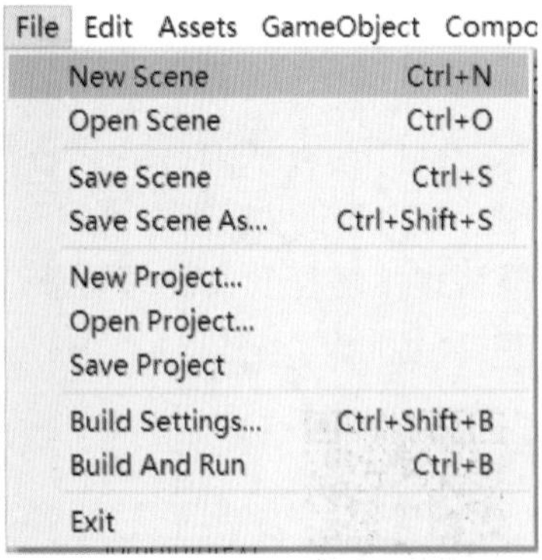

图 14-159　选择 File→New Scene 命令

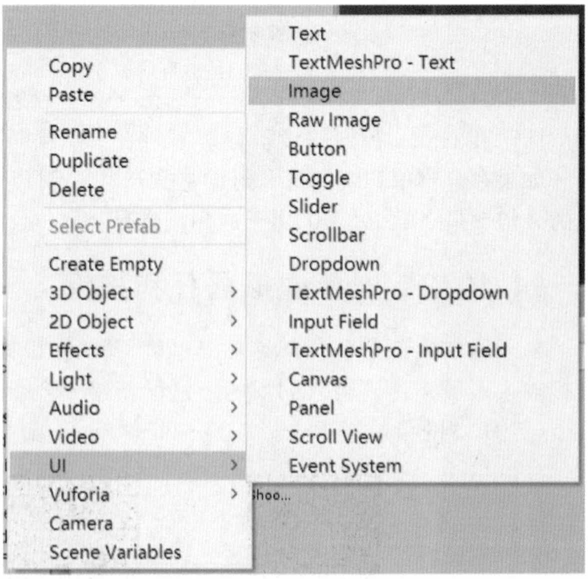

图 14-160　创建一个 Image UI 游戏对象

把该 Image UI 游戏对象命名为 VirtualStickContainer，将其置于屏幕的左下角，VirtualStickContainer 的位置设置信息如图 14-161 所示。

设置 VirtualStickContainer 的 Image 组件中的 Source Image 为 Knob，并将颜色设置为灰色，如图 14-162 所示。

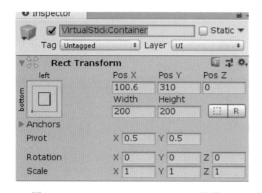

图 14-161　VirtualStickContainer 的位置
　　　　　　设置信息

图 14-162　设置 Image 组件中的 Source Image
　　　　　　为 Knob 并设置颜色为灰色

再在 Hierarchy 视图中的 VirtualStickContainer 下建立一个名为 JoyStick 的 Image UI 子游戏对象，使其位于所处容器的中部，JoyStick 的位置设置信息如图 14-163 所示。

设置 Joystick 的 Image 组件中的 Source Image 为 Knob，并将颜色设置为白色，如图 14-164 所示。

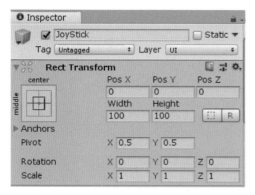

图 14-163　JoyStick 的位置设置信息

图 14-164　设置 Image 组件中的 Source Image

在 Game 视图中完成设置后的虚拟摇杆，如图 14-165 所示。

给游戏对象 VirtualStickContainer 添加一个宏名为 FixedJoyStick 的流机器，如图 14-166 所示。

给流图建立图级变量，如图 14-167 所示。

给流图建立对象级变量，如图 14-168 所示。

图 14-165 在 Game 视图中完成设置后的
虚拟摇杆

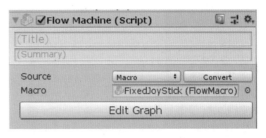

图 14-166 添加一个宏名为 FixedJoyStick 的
流机器

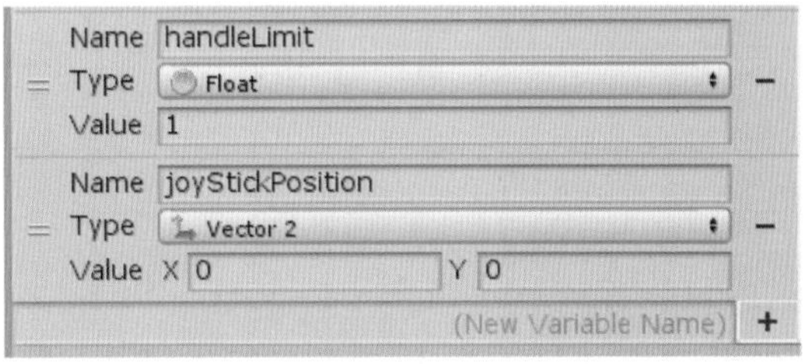

图 14-167 建立图级变量

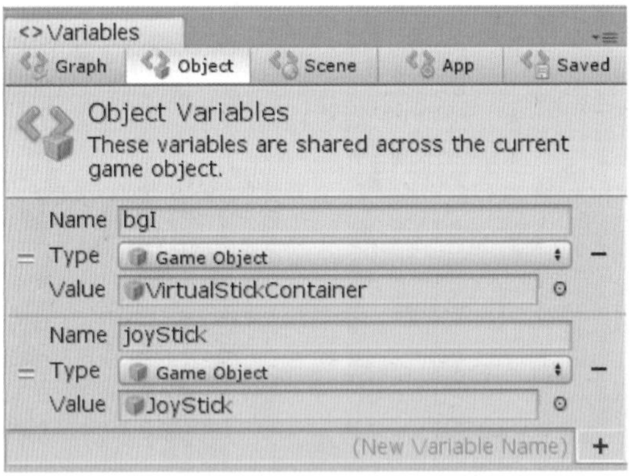

图 14-168 建立对象级变量

在流图中的起始事件处的逻辑,获得各个相关屏幕对象的位置并初始化应用级 inputVector 二维变量,该二维矢量在应用中一直有效,其中 X 分量对应 PC 上的 Horizontal 轴方向的输入,Y 分量对应 PC 上 Vertical 轴方向的输入,如图 14-169 所示。

在流图中的 On Drag 事件处的逻辑,获取虚拟摇杆的位置,并形成 inputVector 矢量,如图 14-170 所示。

在流图中的 On Pointer Down 事件处的逻辑,获取虚拟摇杆的位置,并形成 inputVector 矢量,如图 14-171 所示。

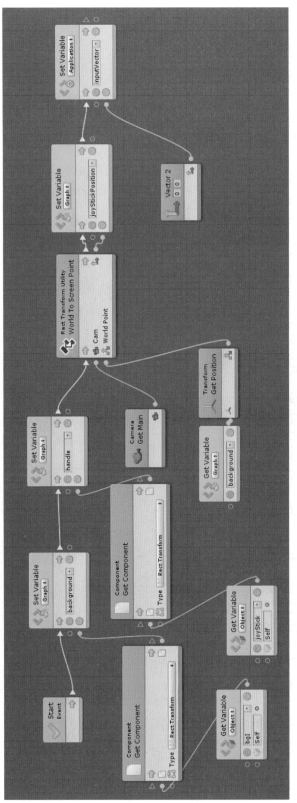

图 14-169 流图中的起始事件处的逻辑

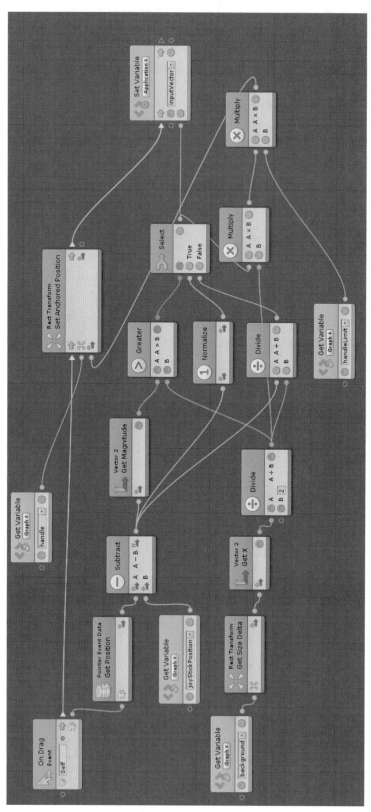

图 14-170　流图中的 On Drag 事件处的逻辑

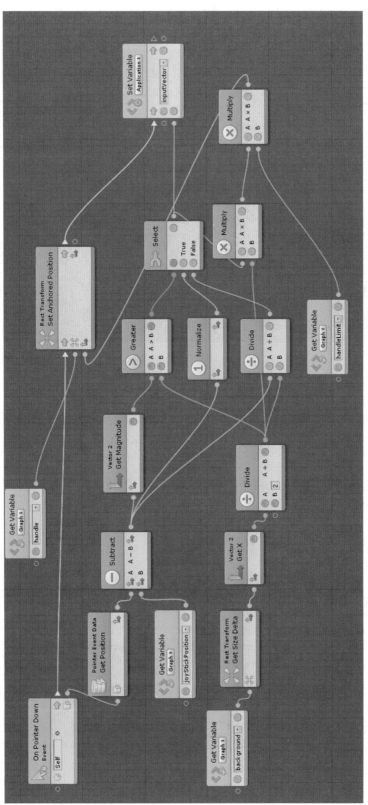

图 14-171 流图中的 On Pointer Down 事件处的逻辑

在流图中的 On Pointer Up 事件处的逻辑,复位虚拟摇杆的位置,并复位 inputVector 矢量,如图 14-172 所示。

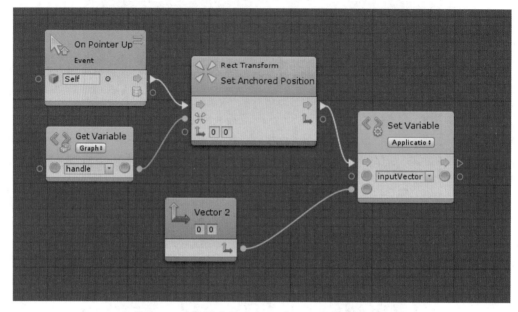

图 14-172　流图中的 On Pointer Up 事件处的逻辑

单击 Unity 编辑器的 ▶ 按钮,可以测试一下虚拟摇杆,虚拟摇杆的上下运动对应原先游戏中的 Vertical 轴方向的输入,而虚拟摇杆的左右运动对应原先游戏的 Horizontal 轴方向的输入。将 Hierarchy 视图中的游戏对象 VirtualStickContainer 拖动到 Prefabs 目录中形成预制件。

在 Hierarchy 视图中建立一个名为 VirtualButton 的位于屏幕右下方的虚拟按键,其位置信息如图 14-173。

设置 VirtualButton 的 Image 组件中的 Source Image 为 Knob,并将颜色设置为粉色,如图 14-174 所示。

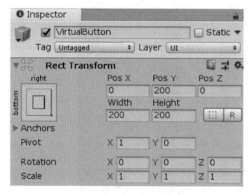

图 14-173　VirtualButton 的位置设置信息

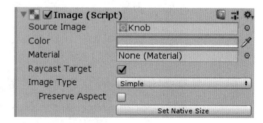

图 14-174　设置 Image 组件中的 Source Image 为 Knob,并设置颜色为粉色

给游戏对象 VirtualButton 添加一个内嵌宏的流机器，如图 14-175 所示。

给流图建立对象级变量，如图 14-176 所示。

图 14-175 给游戏对象 VirtualButton 添加一个
内嵌宏的流机器

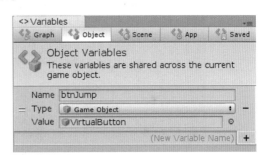

图 14-176 给流图建立对象级变量

在流图中的起始事件处的逻辑，初始化应用程序级变量 Button1Pressed，如图 14-177 所示。

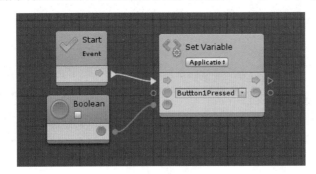

图 14-177 起始事件处的逻辑

在流图中 On Pointer Down 事件处的逻辑，检查屏幕上输入的点是否在按钮的区域中，如果是则设置 Button1Pressed 为真，反之则为假，如图 14-178 所示。

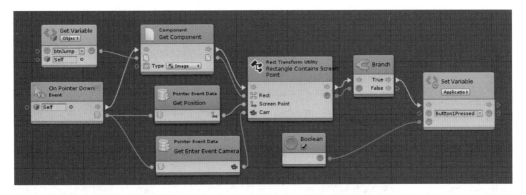

图 14-178 On Pointer Down 事件处的逻辑

在流图中 On Pointer Up 事件处的逻辑，复位 Button1Pressed 为假，如图 14-179 所示。

将 Hierarchy 视图中的游戏对象 VirtualButton 拖动到 Prefabs 目录中形成预制件。保存该场景文件。打开 Project 视图中的 SpaceShooter 场景文件，在 Hierarchy 视图中建立名

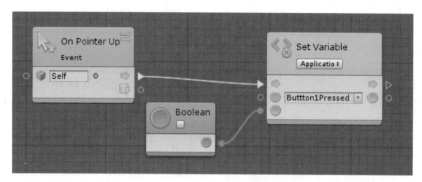

图 14-179　On Pointer Down 事件处的逻辑

为 LoadJoy 的空对象，为其添加宏名为 LoadJoy 流机器，在启动时同时叠加加载 MobileInputGUI 场景，其内部逻辑如图 14-180 所示。

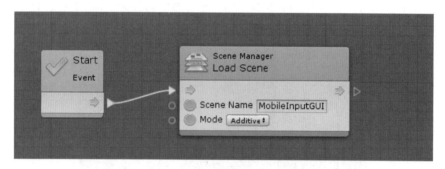

图 14-180　LoadJoy 流机器的内部逻辑

选择 Hierarchy 视图中的 Player 游戏对象，给其 Player 流图增加应对虚拟摇杆的逻辑，虚拟摇杆对应的 inputVector 的 X 分量对应原来键盘上的 Horizontal 轴方向的输入，Y 分量对应原来键盘上的 Vertical 轴方向的输入，如图 14-181 所示。

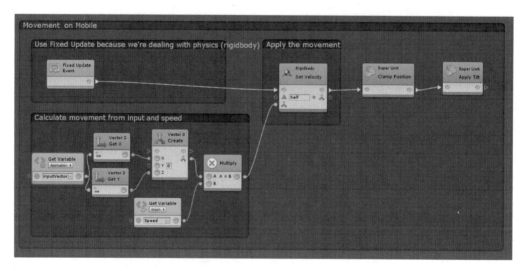

图 14-181　增加应对虚拟摇杆的逻辑

再给 Player 的流图添加响应虚拟按钮的逻辑，和原先的发射子弹逻辑类似，只是做了针对 Button1Pressed 和 Game Over 变量的检查，如果 Game Over 为真，则重新载入场景，如图 14-182 所示。

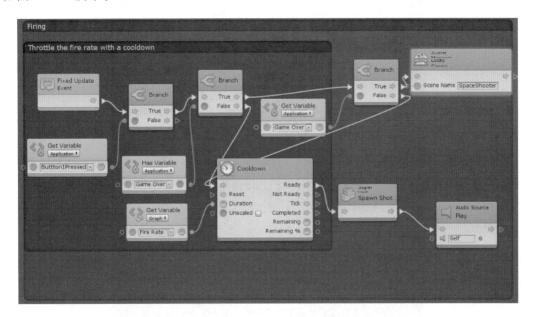

图 14-182　响应虚拟按钮的逻辑

再在 Hierarchy 视图中选择 Game Controller 给其 GameController 流机器添加响应虚拟按键在游戏结束时重启游戏的逻辑，这里必须要先卸载 MobileInputGUI 场景，如图 14-183 所示。

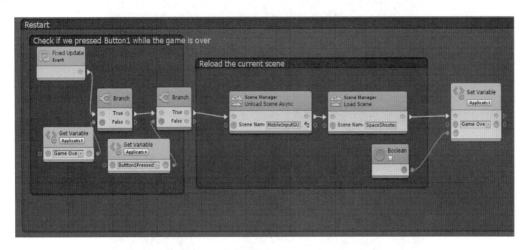

图 14-183　响应虚拟按键在游戏结束时重启游戏的逻辑

同时在 GameController 流机器原来的 Restart 部分添加响应虚拟按键在游戏结束时重启游戏的逻辑，然后保存场景，如图 14-184 所示。

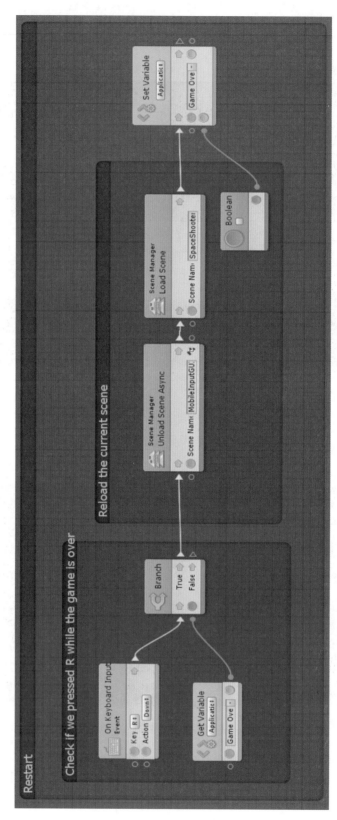

图 14-184　在原来的 Restart 部分添加响应虚拟按键在游戏结束时重启游戏的逻辑

至此，就完成了针对移动端的游戏的移植。可以通过 USB 连接上手机，在编译前先在 Unity 编辑器的菜单栏中选择 Tools→Ludiq→AOT Pre-build 命令，如图 14-185 所示。

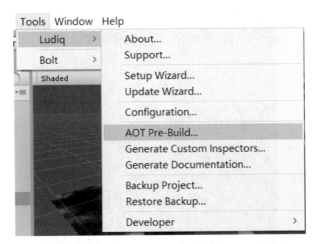

图 14-185　选择 Tools→Ludiq→AOT Pre-build 命令

然后在 Build Settings 对话框加上两个要编译的场景，连接好移动设备，单击 Build and Run 按钮，如图 14-186 所示。

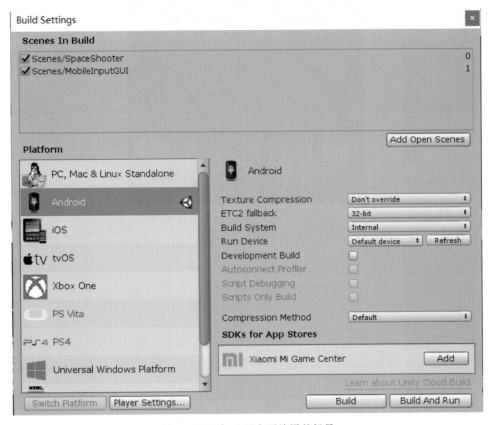

图 14-186　加上两个要编译的场景

如果一切正常，则不久移动设备上就能出现游戏画面，甚至可以把在计算机上的游戏APK安装包发送给别人，和别人分享做的游戏，如图14-187所示。

至此，已经完整建立了3D版本的太空大战的手游版。

图14-187　移动设备上出现游戏画面

图 书 资 源 支 持

感谢您一直以来对清华版图书的支持和爱护。为了配合本书的使用,本书提供配套的资源,有需求的读者请扫描下方的"书圈"微信公众号二维码,在图书专区下载,也可以拨打电话或发送电子邮件咨询。

如果您在使用本书的过程中遇到了什么问题,或者有相关图书出版计划,也请您发邮件告诉我们,以便我们更好地为您服务。

我们的联系方式:

地　　址:北京市海淀区双清路学研大厦 A 座 701

邮　　编:100084

电　　话:010-83470236　010-83470237

资源下载:http://www.tup.com.cn

客服邮箱:2301891038@qq.com

QQ:2301891038(请写明您的单位和姓名)

资源下载、样书申请

书　圈

扫一扫,获取最新目录

课　程　直　播

用微信扫一扫右边的二维码,即可关注清华大学出版社公众号"书圈"。